气温剧变对输变电设备性能

影响及评价

国网宁夏电力有限公司电力科学研究院　组编

中国电力出版社

CHINA ELECTRIC POWER PRESS

内 容 提 要

本书共分为七章，主要内容包括气温剧变环境对绝缘子、混凝土、GIS 等电气设备及附件的性能影响，气温剧变环境对电气设备影响试验方法及特征量，气温剧变下设备电气、机械及密封性能评价体系。

本书可供输变电行业的设备试验、检修、运行人员及管理人员阅读使用，也可作为科研单位、高等院校相关人员的参考用书。

图书在版编目（CIP）数据

气温剧变对输变电设备性能影响及评价 / 国网宁夏电力有限公司电力科学研究院组编 . —北京：中国电力出版社，2021.5
ISBN 978-7-5198-5392-1

Ⅰ . ①气… Ⅱ . ①国… Ⅲ . ①气温变化—影响—输电—电气设备—研究②气温变化—影响—变电所—电气设备—研究 Ⅳ . ① TM72 ② TM63

中国版本图书馆 CIP 数据核字（2021）第 032000 号

出版发行：中国电力出版社
地 址：北京市东城区北京站西街 19 号（邮政编码 100005）
网 址：http://www.cepp.sgcc.com.cn
责任编辑：陈 丽（010-63412348）
责任校对：黄 蓓 常燕昆
装帧设计：郝晓燕
责任印制：石 雷

印 刷：北京博图彩色印刷有限公司
版 次：2021 年 5 月第一版
印 次：2021 年 5 月北京第一次印刷
开 本：710 毫米 ×1000 毫米 16 开本
印 张：10.5
字 数：172 千字
印 数：0001—1000 册
定 价：58.00 元

编 委 会

前　言

气温剧变极端环境条件对电气设备、材料的性能产生了一系列不利的影响，国网宁夏电力科学研究院会同武汉南瑞公司、重庆大学等单位，开展温度剧变对电气设备、材料的性能研究，提出气温剧变对电气设备材料影响的试验与检测方法。

本书针对大温差地区气温剧变环境对瓷绝缘子机械性能的影响，通过控制绝缘子的融冻周期、受力情况，研究导致绝缘子机械性能降低的原因。并通过不同融冻周期和不同受力情况的组合，揭示了大温差地区绝缘子机械性能降低的诱导因素、发展过程和危害。

基于绝缘子的融冻过程，研究提出气温剧变对电气设备材料影响的试验与检测方法，建立了一套用于评价大温差地区外绝缘绝缘子机械性能的方法，这一方法可以有效地评价大温差地区各种电气设备的耐老化性能。

针对大温差条件下发生的绝缘子性能下降和密封圈密封性能丧失两种老化情况，分别提出了改进方法，能够在保证绝缘子和密封圈原有机械性能和密封性能的情况下，提高其抗形变能力与抗老化性能，保证设备的安全、稳定运行。

在对电气设备受融冻过程研究的基础上，首次提出了一种基于超声探测、红外成像与表面平整度相结合的预警方法，能够在现场运行条件下发现绝缘子表面及内部缺陷，评估绝缘子发生破坏的可能性，进而指导相关运行人员采取相应的处理措施。

本书适用于从事输变电行业的电气设备试验、检修、运行人员及相关管理人员，也可作为制造部门、科研单位相关人员的参考用书。

本书的编写得到了重庆大学杨帆教授的大力支持和帮助，在此表示感谢。限于作者水平，书中不妥和错误之处在所难免，恳请专家、同行和读者给予批评指正。

作　者
2020 年 12 月

目　录

1 概述

针对影响电力系统安全稳定运行的因素及其所面临风险的相关问题，学界陆续开展了相关研究工作。国内外学者和研究人员对电力系统受气候因素影响的研究大体上可以分为两个方面：①从可靠性角度，分析恶劣气候条件下的设备停运率以及可靠性参数和水平；②从灾变的角度出发，研究电力系统的抗灾方法和策略。

气温剧变极端环境通常不会直接导致输变电设备的故障，所以之前国内外学者对此研究并不多。但是长期来看，输变电设备多安装在室外或野外，没有任何遮蔽，经受夏日高温和冬日严寒。部分地区的昼夜温差很大，这种温度变化对电气设备的装配体会产生很大的热应力。在热应力的作用下，输变电设备的一些部件，如金具、绝缘材料、密封圈等可能会发生形变甚至龟裂，引起设备故障，威胁到电网的安全。

目前，国内已有文献提到气温剧变等极端环境引起的设备损坏甚至故障。有文献提到，GIS设备在户外，特别是复杂气候和地质环境下，母线筒不可避免地受到运行中由于温度变化产生的热胀冷缩、基础不均匀沉陷、断路器操作时的瞬间振动等因素的影响。当母线筒的波纹管母线不能有效地吸收和释放应力时经过时间的积累，应力会在薄弱处释放，有可能造成母线筒偏移、母线支撑断裂、设备漏气等严重后果。例如，500kV某变电站220kV一次设备GIS装置，自投产以来总体运行良好，经过近5年的运行，设备出现一定程度的老化，部分GIS罐体随着温度变化发生了一定程度的位移，部分GIS设备管母支撑角钢也发生了倾斜，这些都给变电站的安全稳定运行带来了隐患。经过调查发现，由于十堰变电站地处山区，昼夜温差波动较大，GIS设备热胀冷缩的效应十分明显，波纹管由于不能及时反映所有热胀冷缩情况，长期运行后，每日均有少量形变由底部支撑承受，中间段由于支撑较多，相应变形并不特别巨大，大量变形都积累至两侧支撑角钢处。在长时间的运行后，GIS设备的边缘支撑角钢受到较多的机械应力，容易产生金属疲劳。若任由其发展，可能会导致 GIS 设备支撑断裂，相连设备损坏以及母线外壳失稳等质量事故。

有文献通过对发电厂的设备故障分析研究得出，季节交替或气温的突然变化对大电流设备的接头影响很大，接头变松造成接触电阻变大，接头发热导致绝缘损坏相间短路，设备停运。

有学者提出混凝土这类热传导性能较差的材料，在外界温度发生剧变时会引起内部和表面温度变化（即温度荷载，现称温差作用），而使其产生温度应力。温度应力会导致混凝土结构产生裂缝，可能会对输变电设备的基底产生破坏。

目前，国内外学者已经认识到气温剧变极端环境条件对电气设备、材料的性能有重要的影响，也为此开展了大量的研究。但是，目前的研究都是针对电力系统某个设备或是某个元器件的研究，并没有就温度剧变对电力设备、材料的性能开展过系统的研究。而且，大部分研究都是在试验室进行，对现场运行设备及元器件和材料的劣化性能缺乏归类和分析，温度剧变对电力设备、材料性能影响缺少机理研究。同时，以往的研究忽视了地域和气候的差异。因此，必须系统研究温度剧变条件对电气设备、材料的影响特性。

在气温剧变极端环境条件下，影响电气设备、材料的因素主要有：高温、大温差（年温差和日温差）、强紫外线以及干燥气候的影响等。

（1）高温的影响。较高的气温会使电工电子产品温度提高，超出普通型产品所能承受的温度范围，从而降低产品的绝缘性能，降低使用容量。电子元器件会因高温缩短使用寿命，甚至损坏。夏天较高的地表温度对靠近地面的电力设备构成威胁，如地面铺设的电缆受地表高温和太阳的强烈照射会龟裂、裸露，甚至出现短路故障。

（2）大温差的影响。这里所指的大温差既包括寒暑交替的年温差，也包括昼夜交替的日温差。大温差会加速材料的变形和断裂，如气温剧变引起法兰与护套间劣化进而导致绝缘子的断裂，同时，大温差还会产生凝露现象，使设备受潮而影响绝缘性能。

（3）强紫外线的影响。在太阳的辐射下，强紫外线给设备带来很高的附加温升，某些电气设备会因温度过高导致绝缘击穿而不能正常运行，材料会变形，电线电缆的外护层龟裂老化，油漆和镀层很快褪色粉化，有机材料表面迅速劣化。

（4）干燥气候的影响。干燥的气候会使材料龟裂，还会产生较高的静电电压，静电荷的产生以及随后的放电会对电子设备造成干扰，导致运行失灵，甚至会造成损坏，对电力系统的安全稳定运行构成威胁。

综上所述，气温剧变极端环境条件对电气设备、材料的性能产生了一系列不利的影响。为了延长电气设备的在线运行寿命，减少电力系统停电事故的发生，有必要开展温度剧变对电气设备、材料的性能研究，同时研究提出温度剧变对电气设备材料影响的试验与检测方法，以期提高高温干旱与大温差地区电力系统安全可靠性。

2 气温剧变环境对绝缘子性能的影响

在电气性能方面，绝缘子除了承受长期工作电压的作用外，还要承受暂态的操作过电压和雷电过电压的作用，要求绝缘子能够承受这些电压作用，不发生绝缘子击穿，不发生沿面闪络，更不能造成损坏。在机械性能方面，要求绝缘子在长期的机械载荷作用下能稳定可靠的工作，同时要求对飓风和地震也有较好的承受能力。对绝缘子，除了电气性能和机械性能方面的要求外，还要求绝缘子有较好的耐候性能和抗老化能力。要求绝缘子能抵御雨雪冰霜、风吹日晒、酷暑严寒，在各种恶劣条件下都能稳定可靠的工作，并且应有几十年的使用寿命。而这些性能要求，构成了输变电设备外绝缘问题的主要研究内容。

2.1 气温剧变环境对悬式瓷绝缘子性能的影响

绝缘子是电力系统中使用量最大的器件，而高压输电线路和超高压输电线路大都采用悬式绝缘子，与其他电力设备和器件相比，虽然绝缘子结构简单，成本相对较低，但其重要性不亚于其他任何设备和器件。输电线路绝缘子串都是并联运行，任何一串绝缘子出现问题都会造成输电线路的故障，甚至较长时间的停电事故，威胁到电力系统的持续可靠运行，也会给人们的日常生活带来诸多不便，给国民经济造成一定的损失。绝缘子在电力系统中主要起绝缘和机械支持的作用，因此最为关键的性能为电气性能和机械性能。本节以悬式瓷绝缘子为试品，研究其在经过温度剧变前后（冻融循环过程前后）机械性能的变化。

2.1.1 试验试品

试品为 4 个不同厂家生产的悬式瓷绝缘，其标称机械破坏负荷为 70kN，结构参数如表 2-1 和图 2-1 所示。

表 2-1 　　　　　　　　　　　　　　试品绝缘子型号及参数

编号	绝缘子型号	绝缘子类型	结构高度（mm）	盘径（mm）	爬电距离（mm）
A	U70BP	悬式绝缘子	146	280	450
B	U70BP	悬式绝缘子	146	280	450
C	U70BP	悬式绝缘子	146	255	320
D	U70BP	悬式绝缘子	146	255	320

(a)

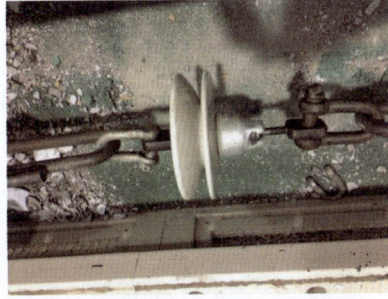

(b)

(c)

(d)

图 2-1　不同型号绝缘子试品
（a）A 型；（b）B 型；（c）C 型；（d）D 型

2.1.2　试验装置

（1）高低温交变试验箱。为模拟高低温交变的试验条件，冻融循环试验在
WGD405 可编程高低温交变试验箱进行，温度为 −40 ～ 130℃，工作室尺寸为
800 mm × 700 mm × 900 mm，外形尺寸为 1260 mm × 1100 mm × 2040 mm，输入功
率为 8kW。

（2）预加应力装置。设计制作的预加应力装置由金属支架、连接金具、绝缘子、拉力传感器、温度传感器、监测记录装置和旋转加力装置等构成（见图2-2），预加应力可达50kN。

（3）拉力试验机。绝缘子机械破坏负荷试验在拉力试验机上进行，该拉力试验机最大

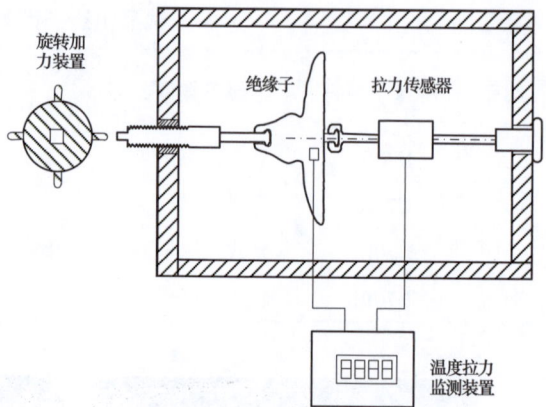

图 2-2　绝缘子预加拉力装置

荷载为500kN，测力精度为示值的±1%，加荷速度可调，满足 GB/T 1001.1《标称电压高于1000V的架空线路绝缘子　第1部分：交流系统用瓷或玻璃绝缘子元件定义、试验方法和判定准则》对绝缘子机械破坏负荷试验的要求。

（4）扫描电子显微镜。扫描电子显微镜（scanning electron microscope, SEM）是用于分析固体材料表面形貌及元素组成的重要仪器。SEM 利用二次电子信号显示形貌衬度，利用背散射电子信号显示成分衬度，其能谱附件可利用特征 X 射线分析样品表面元素成分。SEM 样品室空间大，适合于大样品分析，样品台五轴联动，移动样品方便。

2.1.3　试验方法及步骤

试验过程有以下四个步骤。

第一步：在未进行冻融循环试验前，随机选取同一批次的绝缘子4片进行机械破坏负荷试验。

第二步：对需要进行冻融循环试验的绝缘子样品，安装到试验装置上，并按要求预先施加一定的预应力。

第三步：将绝缘子和预应力试验装置一起放入高低温交变试验箱中，并根据冻融循环试验的要求设定冻融循环次数和高温、低温的范围及持续时间。

第四步：达到规定的冻融循环次数以后，对绝缘子进行机械破坏负荷试验。

试验方法如下：

（1）预加应力试验。为研究冻融循环过程中应力大小对绝缘子机械破坏强

度的影响，对同一批次，不同绝缘子分别施加 0、21kN（30% 标称负荷）、42kN（60% 标称负荷）的机械负荷。

（2）冻融循环试验。绝缘子冻融循环试验参照 GB/T 50082《普通混凝土长期性能和耐久性能试验方法标准》进行，高温设置为 10℃，持续时间为 2.5h；低温为 20℃，持续时间为 2.5h，冻融循环流程如图 2-3 所示，绝缘子的布置如图 2-4 所示。在钢脚与伞裙之间注入约 50mL 的纯净水，以模拟冻融循环条件。由于陶瓷本体及水的比热容较大，导致绝缘子上的温度变化较设置的温度曲线有一定的滞后现象，如图 2-5 所示。

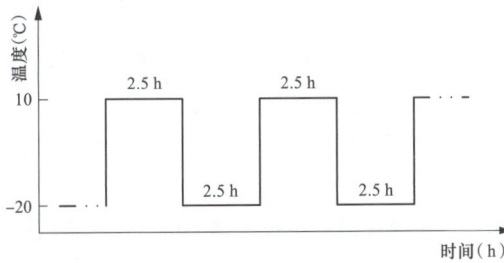

图 2-3　高低温试验箱温度和时间的关系

图 2-4　冻融循环试验绝缘子的
布置情况

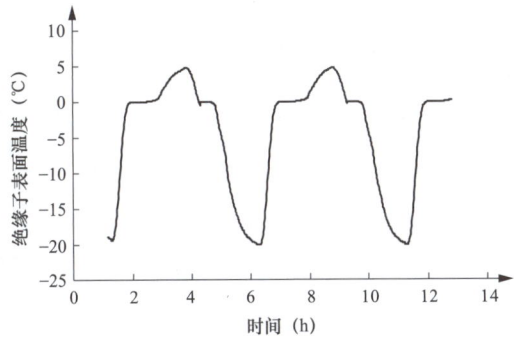

图 2-5　绝缘子表面温度和时间的关系

（3）机械破坏负荷试验。绝缘子机械破坏负荷试验按照 GB/T 1001.1《标称电压高于 1000V 的架空线路绝缘子　第 1 部分：交流系统用瓷或玻璃绝缘子元件 – 定义、试验方法和判定准则》进行，拉伸负荷应平稳、迅速地从零增加到约为规定机械破坏负荷的 75%，然后以每分钟 100% ～ 35% 规定机械破坏负荷的速度（相当于在 15 ～ 45s 达到规定机械破坏负荷）逐步增加到破坏负荷为止，并记录该数值。

试验样品绝缘子 4 片，则其通过试验的要求为

$$\overline{X} \geqslant SFL + C_1\sigma_1 \qquad\qquad （2\text{-}1）$$

式中：$\overline{X}$ 为试验结果的平均值；SFL 为规定的机械破坏负荷；C_1 为判定系数（当绝缘子样品为 4 片时，C_1=1）；σ_1 为试验结果的标准偏差。

2.1.4　绝缘子机械破坏强度

为研究冻融循环对绝缘子机械强度的影响，对试验用的 4 种绝缘子同批次样品进行机械破坏负荷试验，每种型号绝缘子采用 4 个样品。试验结果如表 2-2 所示，将绝缘子试验结果按照绝缘子验收准则的要求计算出的结果如表 2-3 所示。

表 2-2　　　　未经冻融循环试验绝缘子样品机械破坏负荷试验结果

样品型号	测试值（kN）				平均值（kN）	标准偏差 σ_1
	1 号	2 号	3 号	4 号		
A	93.73	98.56	94.37	95.86	95.63	2.15
B	110.55	119.79	115.99	110.03	114.09	4.66
C	81.37	87.96	89.83	83.42	85.65	3.92
D	94.01	94.72	94.18	95.36	94.57	0.61

表 2-3　　　　　　　　绝缘子试验计算结果

型号	$\overline{X}$（kN）	SFL（kN）	$SFL+C_1\sigma_1$（kN）	k	σ
A	95.63	70	72.5	36.61%	2.25%
B	114.09	70	74.66	62.99%	4.08%
C	85.65	70	73.92	22.36%	4.58%
D	94.57	70	70.61	35.10%	0.65%

注　$k = \dfrac{\overline{X} - SFL}{SFL} \times 100\%$，$\sigma(\%) = \dfrac{\sigma}{\overline{X}} \times 100\%$。

从表 2-2 和表 2-3 中可以看出，未经冻融循环试验的 4 种类型的所有绝缘子机械破坏负荷均高于该型号绝缘子标称的机械破坏负荷，按照 GB/T 1001.1 的

要求计算出的 4 片绝缘子的平均结果也远远超过其标称机械破坏负荷，其中 B 型绝缘子相差最大，超出标称值的 62.99%，C 型绝缘子相差最小，但仍超出标称的 22.36%。试验获得的绝缘子标准偏差均较小，最大为 4.66kN，相对偏差为 4.08%；而最小的偏差为 0.61kN，相对偏差为 0.65%，因此说明，对于每一种型号的绝缘子，同批次的其他绝缘子机械破坏负荷相差较小，有利于在采用同批次的其他绝缘子在经冻融循环试验后进行机械破坏负荷的比较。本次试验采用的 4 种型号的绝缘子的机械破坏负荷平均值均大于要求值，满足 GB/T 1001.1 的要求，均为质量合格产品。

　　绝缘子经机械破坏负荷试验后的破坏情况如图 2-6 所示。从图 2-6 可以看出，4 种型号的绝缘子经过机械破坏负荷试验以后破坏的部位不同，A 型和 C 型绝缘子在试验后陶瓷部分发生了损坏，B 型和 D 型绝缘在试验后陶瓷部分保持完整并未发生损坏，而是其钢帽发生损坏。

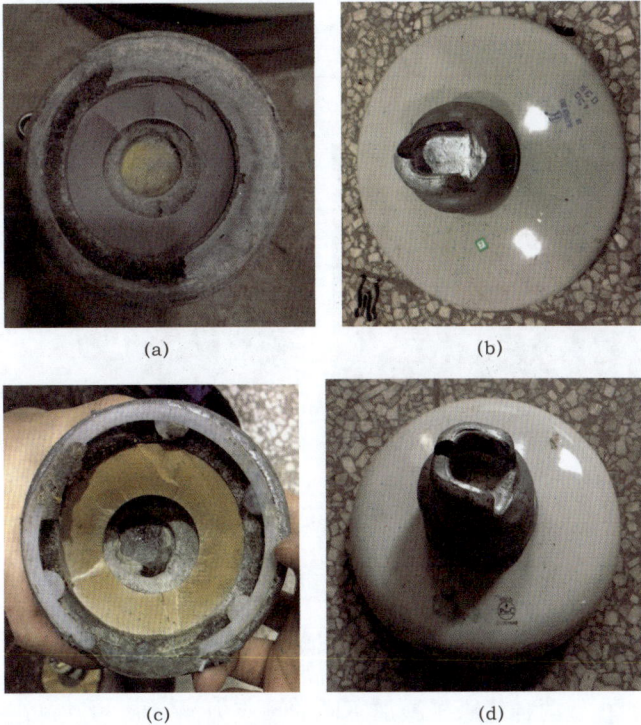

(a)　　　　　　　　　　　　(b)

(c)　　　　　　　　　　　　(d)

图 2-6　未经冻融循环试验绝缘子机械破坏负荷试验后的破坏情况
（a）A 型；（b）B 型；（c）C 型；（d）D 型

2.1.5　冻融循环对绝缘子机械破坏负荷的影响

对 A 型和 C 型悬式绝缘子预加应力 21kN 进行了 30 次冻融循环后绝缘子的机械破坏负荷如表 2-4 所示。由表 2-4 可以看出，两种型号的绝缘子在经过冻融循环后，其机械破坏负荷均出现了不同程度的下降，其中平均值分别下降到 73.97kN 和 67.01kN，下降幅度分别为 22.65% 和 21.76%。因此可以看出，冻融循环对绝缘子的机械破坏负荷的显著影响，其中 C 型绝缘子的机械破坏负荷已经低于其标称机械破坏负荷，低于标称负荷 4.27%。绝缘子在经过机械破坏负荷试验后的破坏情况如图 2-7 所示。由图 2-7 可以看出，其破坏位置均发生在钢帽、胶装水泥和陶瓷本体三者的交界面上，均为陶瓷损坏。

表 2-4　　　　　　　　　　　绝缘子机械破坏负荷试验结果

型号	测试值（kN）				平均值（kN）	标准偏差
A 型	75.27	72.85	76.01	71.74	73.97	1.74
C 型	67.17	68.23	66.51	67.13	67.01	0.78

注　预加应力 21kN，冻融循环 30 次。

(a)　　　　　　　　　　　　　　　(b)

图 2-7　绝缘子机械破坏负荷试验后绝缘子的破坏情况

（a）A 型；（b）C 型

2.1.6　预加应力对绝缘子机械破坏负荷的影响

对 A 型和 C 型两种绝缘子施加不同的预应力，完成 30 次冻融循环后进行机械破坏负荷试验，试验结果如图 2-8 所示。由图 2-8 看出，随着预加应力的增加，两种类型的绝缘子的机械破坏负荷均出现了不同程度的下降，预加应力为 21kN 时，分别下降了 22.65% 和 20.34%；预加应力为 42kN 时，分别下降了 26.96% 和 24.42%。当预加应力为 0 时，即没有预加应力，绝缘子经过冻融循环后的机械破坏负荷与未经冻融循环试验的绝缘子的机械破坏负荷相差不大，在标准偏差的范围之内，可能是由于绝缘子间的个体差异引起的试验偏差。因此说明，预加应力对绝缘子的机械破坏负荷有着显著的影响，这是因为当机械应力施加到绝缘子上

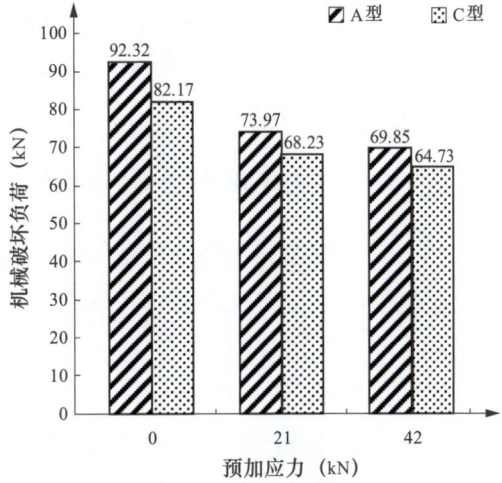

图 2-8　绝缘子机械破坏负荷与预加应力的关系

时，在钢帽、水泥胶合剂、陶瓷和钢脚之间的交界面存在相互作用力，作用力有可能造成水泥胶合剂产生细小的裂纹，水分子通过这些裂纹渗透到水泥胶合剂内部，由于不同材质的膨胀系数不同，每一次冻融循环都会对陶瓷和水泥胶合剂产生作用力，经过 30 次冻融循环后，陶瓷和水泥胶合剂的性能产生下降，最终导致绝缘子机械破坏负荷出现明显的降低。

2.1.7　冻融循环次数对绝缘子机械破坏负荷的影响

对 A 型和 C 型两种绝缘子施加 21kN 的机械应力，完成不同冻融循环次数后进行机械破坏负荷试验，试验结果如图 2-9 所示。由图 2-9 看出，随着冻融循环次数的增加，两种类型的绝缘子的机械破坏负荷均出现了不同程度的下降，冻融循环为 30 次时，分别下降了 22.65% 和 21.76%；冻融循环为 60 次时，分别下降了 25.01% 和

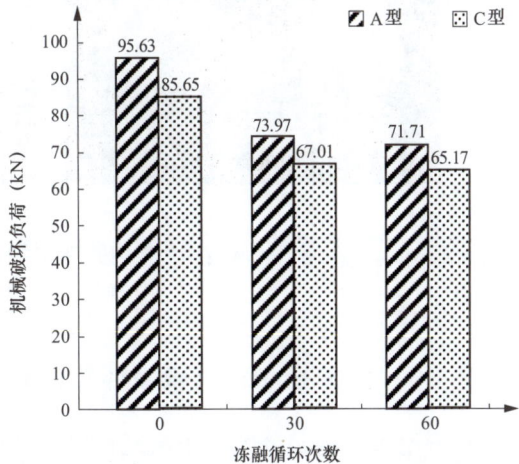

图 2-9　绝缘子机械破坏负荷与冻融循环次数的关系

23.91%。这是因为当冻融循环次数增加时，绝缘子承受的由不同膨胀系数引起的应力变化次数增加，导致陶瓷和水泥胶合剂的性能进一步降低，最终导致绝缘子机械破坏负荷的降低。

2.1.8　绝缘子类型对其机械破坏负荷的影响

对 B 型和 D 型两种绝缘子进行相同的冻融循环试验，当预加应力达 50kN，完成多达 60 次和 100 次冻融循环试验后，进行机械破坏负荷试验，其机械破坏负荷并未出现明显的变化，部分绝缘子的机械破坏负荷甚至高于未处理的样品绝缘子。通过分析发现，这些绝缘子在经过机械破坏负荷试验后，陶瓷均未发生破坏，而是钢帽破裂，如图 2-10 所示。这与未处理的样品的破坏情况一致（见图 2-6）。这说明对于 B 型和 D 型绝缘子，冻融循环和预加应力并未对绝缘子的陶瓷和水泥胶合剂产生足够的劣化作用，陶瓷的强度仍足够高，不会在机械破坏负荷试验中发生破裂，而两种绝缘子的薄弱部分还是钢帽，而冻融循环对钢帽这种铁质材料的机械性能几乎没有影响，因此导致机械破坏负荷与未经冻融循环试验的绝缘子几乎没有差异。

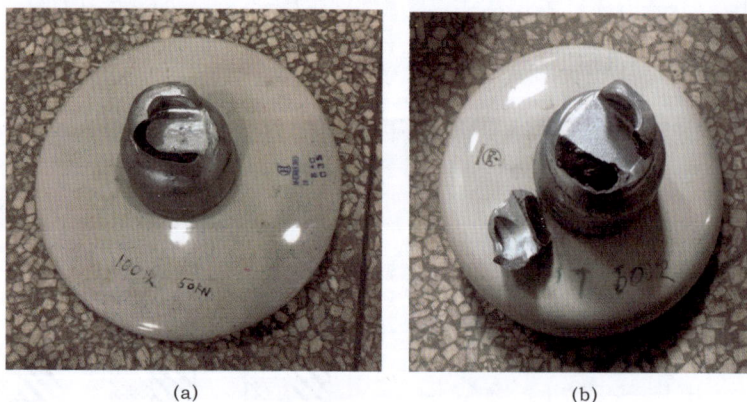

（a）　　　　　　　　　　　　（b）

图 2-10　绝缘子机械破坏负荷试验后绝缘子的破坏情况

（a）B 型；（b）D 型

2.1.9　钢脚松动对机械破坏负荷的影响

D 型绝缘子的部分绝缘子出现钢脚松动现象，对其预加 21kN 应力，完成 30 次冻融循环后进行机械破坏负荷试验，试验前后绝缘子的状态如图 2-11 所示。由图 2-11（a）可以看出，经过冻融循环后，绝缘子钢脚附近的水泥胶合剂出现了一定程度上的破坏，出现一定的裂隙。由图 2-11（b）看出，经机械破坏负荷试验后，绝缘子的钢脚和陶瓷部分并未发生破坏，而是水泥胶合剂破裂失效。试验测得的机械破坏负荷为 76.84kN，较未处理的绝缘子仍出现了明显的降低，机械破坏负荷下降了 18.73%。因此说明，对于钢脚松动的绝缘子，钢脚与水泥胶合剂之间存在较大的缝隙，致使水分更容易渗入到水泥胶合剂内部，经过多次冻融循环试验后，水泥胶合剂性能下降，导致绝缘子机械破坏负荷降低。

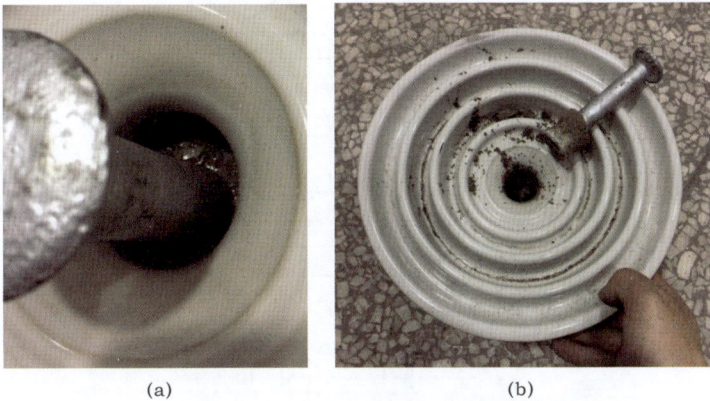

(a)　　　　　　　　　　　(b)

图 2-11　D 型绝缘子机械破坏负荷试验前后绝缘子情况
（a）试验前；（b）试验后

2.2　气温剧变环境对支柱瓷绝缘子性能的影响

高压支柱绝缘子是发电厂和变电站常用电气设备之一，主要对刀闸支柱和硬管母线起机械支撑和绝缘作用。随着我国电网建设的迅速发展，发电厂和变电站内的支柱绝缘子使用数量逐年增加。支柱瓷绝缘子具有高熔点、高强度、高弹性模量、高硬度和化学稳定性，耐高温、耐磨损、抗氧化、耐腐蚀、绝缘性好等优点，在电力系统中得到了广泛的应用。在长期机电载荷及恶劣气象条件等因素综合作用下，支柱瓷绝缘子的机电性能显著下降，加之产品可能存在的质量问题，容易导致断裂事故发生。瓷支柱绝缘子断裂故障原因可能是多方面的，如产品设计缺陷、制造工艺不良、运输安装问题和运行维护工作不到位等都有可导致断裂故障发生。

2.2.1 试验试品

试品为 35kV 支柱绝缘子，型号为 ZS35/4，标称机械破坏弯曲负荷不小于 4kN，扭转负荷不小于 1kN·m，其结构如图 2-12 所示，形状参数如表 2-5 所示。

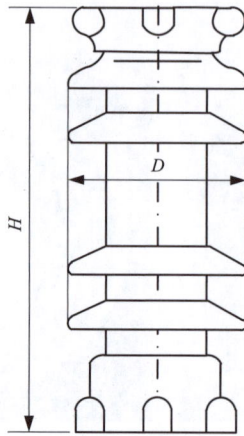

图 2-12 试品支柱瓷绝缘子结构图

表 2-5 试品支柱瓷绝缘子型号及参数

绝缘子型号	结构高度 H（mm）	盘径 D（mm）	爬电距离（mm）	机械破坏负荷	
				弯曲（kN）	扭转（kN·m）
ZS35/4	400	185	625	4	1

2.2.2 试验装置

（1）高低温交变试验箱。冻融循环试验在高低温交变试验箱中进行，温度为 -70 ～ 150 ℃，工作室尺寸为 800mm×700mm×900mm，外形尺寸为 1260mm×1100mm×2040mm，输入功率为 8kW。

（2）预加应力装置。本试验设计制作的预加应力装置由金属支架、连接金具、绝缘子、扭转传感器、温度传感器、监测记录装置和旋转加力装置等构成，预加扭转负荷可达 1kN·m。

（3）弯扭试验机。支柱绝缘子扭转和弯曲破坏负荷试验在弯扭试验机上进行，该绝缘子弯扭试验机最大扭转负荷为 10kN·m，最大弯曲负荷为 20kN。

2.2.3 试验步骤及方法

（1）试验步骤。

第一步：在未进行冻融循环试验前，随机选取同一批次的绝缘子中的 3 根支柱绝缘子进行扭转破坏负荷试验，3 根支柱绝缘子进行弯曲破坏负荷试验。

第二步：对需要进行冻融循环试验的支柱绝缘子样品，安装到试验装置上，并按要求预先施加一定扭转预应力。

第三步：将支柱绝缘子和预应力试验装置一起放入高低温交变试验箱中，并根据冻融循环试验的要求设定冻融循环次数和高温低温的范围及持续时间。

第四步：达到规定的冻融循环次数以后，对绝缘子进行扭转和弯曲破坏负荷试验。

（2）试验方法。

1）预加扭转应力试验。为研究冻融循环过程中预加扭转应力大小对绝缘子机械破坏强度的影响，对同一批次的不同绝缘子分别施加 0kN·m、0.3kN·m、0.5kN·m 的机械扭转负荷即 0%、30% 和 50% 标称扭转破坏负荷，预加扭转应力装置对称地分布在支柱绝缘子的两侧，两侧装置同时施加应力，试品支柱绝缘子布置如图 2-13 所示。

2）冻融循环试验。绝缘子冻融循环试验参照 GB/T 50082《普通混凝土长期性能和耐久性能试验方法标准》进行，其中高温设置为 10℃，

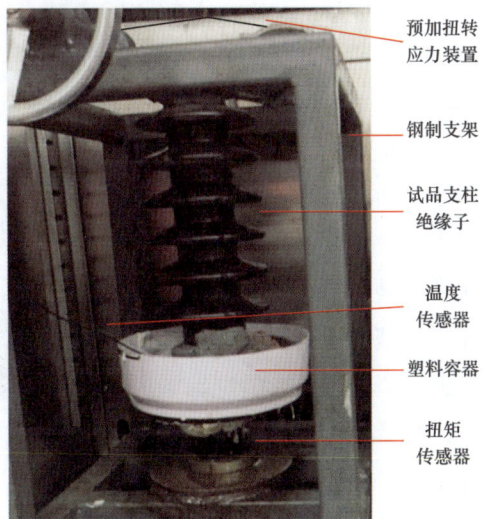

预加扭转应力装置
钢制支架
试品支柱绝缘子
温度传感器
塑料容器
扭矩传感器

图 2-13　试品支柱绝缘子布置

持续时间为 4h，低温为 20℃，持续时间为 4h，冻融循环流程如图 2-14 所示。绝缘子的布置如图 2-13 所示，为模拟自然条件下的冻融循环过程，将一塑料容器置于支柱绝缘子的底部并用密封胶将底部金属附件与塑料容器间的缝隙密封，待密封胶固化以后，在塑料容器中注入约 500mL 的纯净水，并将整个装置放置于高低温交变试验箱中。

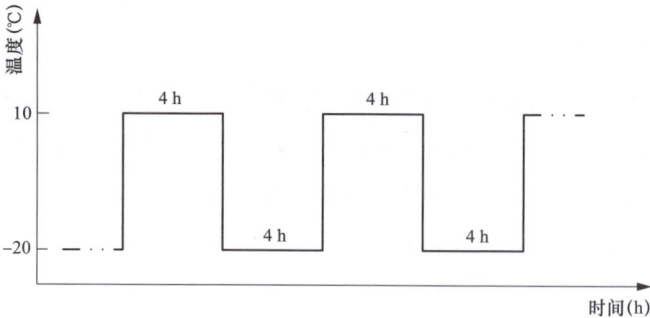

图 2-14　冻融循环试验温度示意图

2.2.4　支柱绝缘子扭转破坏负荷

对同一批次的 3 根支柱绝缘子进行扭转破坏负荷试验，其扭转破坏负荷分别为 1.16kN·m、1.32kN·m 和 1.25kN·m，平均值为 1.24kN·m，因此 3 根支柱绝缘子的扭转破坏负荷均大于标称值 1kN·m，分别比标称值高出 16%、32% 和 24%，扭转破坏负荷满足技术要求。3 根支柱绝缘子破坏部位基本相同，其中第一根样品扭转破坏负荷试验后的绝缘子样品如图 2-15 所示。从图 2-15 可知，支柱绝缘子扭转破坏负荷试验后，绝缘子上

图 2-15　扭转破坏负荷试验后绝缘子的破坏情况

部瓷柱发生了破坏，破坏后的断面成尖状，绝缘子断面成白色，并未发现"青边"和"黄心"现象，也未发现明显的气泡，说明瓷柱本身的质量较好。

2.2.5　支柱绝缘子弯曲破坏负荷

对同一批次的 3 根支柱绝缘子进行扭转破坏负荷试验，测得其弯曲破坏负荷分别为 4.05kN、4.12kN 和 3.91kN，平均值为 4.03kN，其中前两根支柱绝缘子的弯曲破坏负荷和 3 根支柱绝缘子弯曲破坏负荷的平均值大于 4kN，但第三只支柱绝缘子的弯曲破坏负荷略低于其额定值。弯曲破坏负荷试验后的绝缘子样品如图2-16 所示，从图 2-16 可知，支柱绝缘子底部的瓷柱发生断裂，3 根支柱绝缘子断裂的部位基本一致，均发生在支柱绝缘子底部瓷柱和胶装水泥的交界面上，断裂深度约为 1cm，与文献的测试结果一致。从断面的形态来看，断面比较平整，这与扭转破坏负荷试验后的断面有明显的不同。断面呈现白色，并未出现"青边"现象和明显的气泡，说明瓷柱本身的质量优良。

图 2-16　弯曲破坏负荷试验后绝缘子的破坏情况

2.2.6　冻融循环试验对扭转破坏负荷的影响

预加扭转负荷为 0kN·m、0.3kN·m、0.5kN·m 的 3 根绝缘子样品进行 60次冻融循环后，进行扭转破坏负荷试验，试验测得的绝缘子扭转破坏负荷分别为1.12kN·m、1.15kN·m 和 1.11kN·m，仍大于其额定破坏负荷。与未进行冻融循环试验的绝缘子样品相比，其扭转破坏负荷未见显著的降低，虽然低于未经冻融循环绝缘子扭转破坏负荷的平均值 1.24kN·m，但由于支柱瓷绝缘子的断裂具有一定的随机性，因此也有可能是抽样偏差引起的。经扭转破坏负荷试验后的绝缘子样品如图 2-17 所示。从图 2-17 可知，支柱绝缘子扭转破坏负荷试验后，绝缘子断裂均发生在绝缘子顶部的瓷柱和铸铁之间，瓷柱的断面成尖状，这与未经冻融循环的支柱瓷绝缘子的断面情况一致。

图 2-17　扭转破坏试验后的绝缘子样品（经冻融循环试验）

对于水平安装的支柱绝缘子，易发生积水和结冰的部位在绝缘子的底部，因此，进行冻融循环试验时，也是在绝缘子底部设置了塑料容器并在其中注入了纯净水，以模拟温度发生剧烈变化条件下支柱绝缘子底部发生结冰和融冰过程对其运行性能的影响。但从绝缘子扭转破坏断裂的部位进行分析发现，支柱绝缘子断裂部位发生在绝缘子的顶部，因此冻融循环试验对支柱绝缘子的扭转破坏负荷的影响是有限的。在经过冻融循环试验以后，绝缘子的铸铁部分产生了不同程度的锈蚀，但还不足以减少其破坏强度。

2.2.7　冻融循环试验对弯曲破坏负荷的影响

对预加扭转负荷为 0kN·m、0.3kN·m、0.5kN·m 的 3 根绝缘子样品进行 60 次冻融循环后，进行弯曲破坏负荷试验，试验测得的绝缘子扭转破坏负荷分别为 3.33kN、3.20kN 和 3.01kN，其平均值为 3.18kN，支柱瓷绝缘子断面情况如图 2-18 所示。与未进行冻融循环试验的支柱瓷绝缘子相比，其弯曲破坏负荷出现了明显的下降，进行冻融循环实验后，支柱瓷绝缘子的弯曲破坏负荷下降了 21.1%。对比图 2-16 和图 2-18 的断面图，绝缘子断裂均发生在绝缘子顶部的瓷柱和铸铁之间，瓷柱的断面成尖状，这与未经冻融循环的支柱瓷绝缘子的断面情况一致。

(a)　　　　　　　　　　(b)　　　　　　　　　　(c)

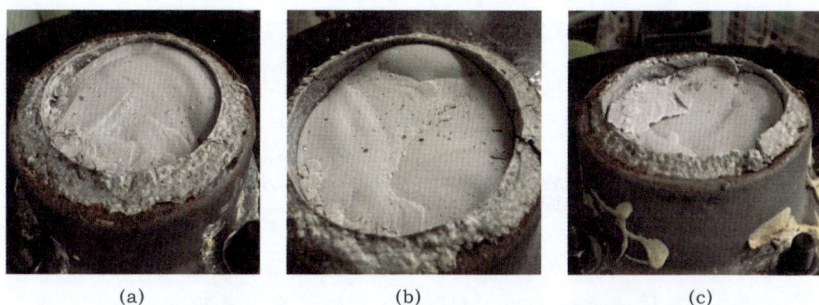

图 2-18　弯曲试验后支柱瓷绝缘子断面情况
（a）扭转负荷 0kN·m；（b）扭转负荷 0.3kN·m；（c）扭转负荷 0.5kN·m

2.2.8　支柱瓷绝缘子瓷柱微观结构分析

通过 SEM 试验，得到如图 2-19 所示的断面扫描形貌图。由形貌图可知，此支柱绝缘子其微观结构是多孔的，但从前面的试验结果看出，这些孔并没有加重冻融循环试验对其的影响。可能是其孔的数量和大小不足以对其机械负荷应力产生明显的副作用。

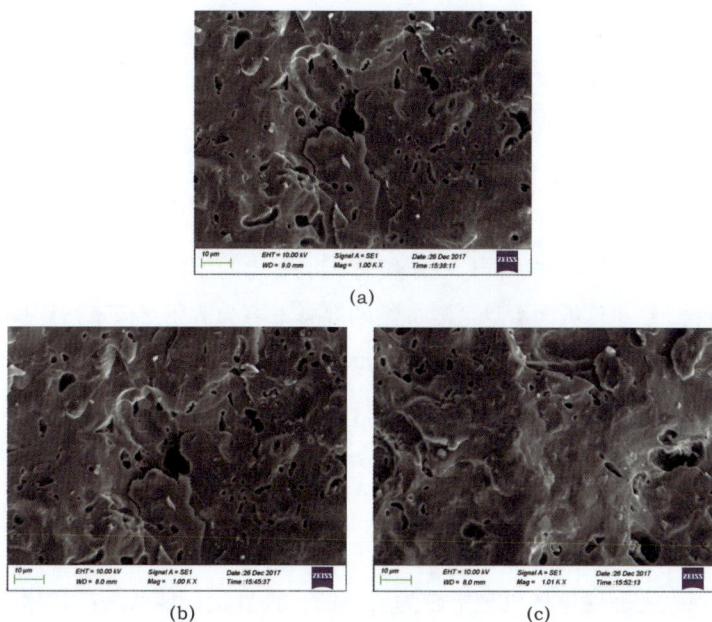

(a)

(b)　　　　　　　　　　　　　(c)

图 2-19　支柱绝缘子 SEM 分析
（a）0kN·m；（b）0.3kN·m；（c）0.5kN·m

19

3 气温剧变环境对混凝土性能的影响

水泥胶合剂是构成绝缘子的三大材料（铸铁、瓷件和水泥胶合剂）之一，容易受到温度变化即冻融循环过程的影响。水泥胶合剂可认为是一种特殊的混凝土，在输电线路和变电站中的地基等建筑物采用大量的混凝土，而混凝土的工作性能会受到气温剧变的环境影响，尤其是在冻融循环的条件下，混凝土的工作性能会出现明显的下降，本节通过对混凝土的相关研究，阐述温度变化对混凝土工作性能的影响，介绍了抗冻混凝土及其性能。

3.1 混凝土冰冻破坏机理

3.1.1 水的离析成层理论

1944 年，美国混凝土专家珂林斯（A. R. Collins）对冻土进行研究并提出水的离析成层理论，认为混凝土的冻融破坏是由于混凝土的孔隙水由表及里分层结冰，形成一系列平行的冰冻薄层，最终造成混凝土的层状剥离。这一假说对于低质、抗渗性能差并且长期遭受低温冻结的混凝土更为适用，但不适用于密实、抗渗性好且孔隙小的混凝土，因为冰结晶增长的水分不足，不能放出足够的热量来维持此处的恒温，就无法形成一系列平行的分离层冰面。

3.1.2 静水压理论

1945 年，美国混凝土专家鲍尔斯（T. C. Powers）提出了静水压理论，这也是目前研究混凝土冻融破坏机理中较为成熟的一种理论，他认为：在冰冻环境下，混凝土孔隙的部分孔溶液结冰会产生 9% 的体积膨胀，就会产生膨胀压力使未结冰的溶液从结冰区域向未结冰区域迁移。溶液在迁移的过程中就必须克服混凝土内部的阻力，产生静水压力，而静水压力对于混凝土而言是拉应力，一旦超过混凝土的抗拉强度就会造成混凝土开裂破坏。

瑞典水泥混凝土研究所的学者法格伦德（Fagerlund）又进一步完善了鲍尔斯的理论，混凝土内部的孔隙分为凝胶孔、毛细孔、气泡，而不同孔隙间的孔径差异非常大，凝胶孔孔径为 15 ～ 100nm；毛细孔孔径为 0.01 ～ 10μm，这些孔通常是相互连通的。气泡则是混凝土在搅拌过程中引入的，一般是封闭的球状。当混凝土毛细孔的水结冰时，会迫使未结冰的溶液向未结冰区域迁移，产生静水压力。此时假设两个气泡外壁间的平均间距为 $2d$，两气泡间的毛细孔已吸水饱和且部分结冰，气泡间的一点 A 离一侧气泡的距离为 x，气泡半径为 r，由结冰而产生的水压力为 p，根据达西定律（Darcy's Law），水的流量与水的压力梯度成正比，即

$$\frac{\mathrm{d}p}{\mathrm{d}x} = \frac{\eta}{k} \cdot \frac{\mathrm{d}v}{\mathrm{d}t} \qquad (3-1)$$

式中：p 为静水压力，N/m^2；v 为孔溶液流速，m^3/m^2；k 为孔溶液在水泥浆体的渗透系数；x 为孔溶液沿渗透方向的坐标；η 为孔溶液的动力黏滞系数。

冰水混合物的流量也就是半径为 r 的单位球面积混凝土中，在单位时间内结冰产生的体积增量，即

$$\frac{\mathrm{d}v}{\mathrm{d}t} = 0.03 \cdot \frac{\mathrm{d}w_\mathrm{f}}{\mathrm{d}t} \cdot \left[\frac{(d+r)^3}{x^2} - x \right] = 0.03 \cdot \frac{\mathrm{d}w_\mathrm{f}}{\mathrm{d}\theta} \cdot \frac{\mathrm{d}\theta}{\mathrm{d}t} \cdot \left[\frac{(l+r)^3}{x^2} - x \right] \qquad (3-2)$$

式中：$\mathrm{d}w_\mathrm{f}/\mathrm{d}t$ 为单位时间内的结冰量，m^3/m^3s；$\mathrm{d}w_\mathrm{f}/\mathrm{d}\theta$ 为结冰速度，$m^3/℃$；$\mathrm{d}\theta/\mathrm{d}t$ 为降温速度，$℃/s$；θ 为温度，$℃$；l 为气泡平均间距系数。

将式（3-2）代入式（3-1），积分可得

$$\begin{aligned} p &= 0.03 \cdot \frac{\eta}{k} \cdot \frac{\mathrm{d}w_\mathrm{f}}{\mathrm{d}\theta} \cdot \frac{\mathrm{d}\theta}{\mathrm{d}t} \int_r^x \left[\frac{(d+r)^3}{x^2} - x \right] \mathrm{d}x \\ &= 0.03 \cdot \frac{\eta}{k} \cdot \frac{\mathrm{d}w_\mathrm{f}}{\mathrm{d}\theta} \cdot \frac{\mathrm{d}\theta}{\mathrm{d}t} \left[\frac{(d+r)^3}{r} + \frac{r^2}{2} - \frac{(d+r)^3}{x} - \frac{x^2}{2} \right] \end{aligned} \qquad (3-3)$$

当 $x=l+r$ 时，即在距离气泡最远时（毛细孔边缘），静水压达到最大值；当 $x=r$ 时，即在气泡边缘，静水压最小为 0。

3.1.3　渗透压理论

静水压理论的提出成功地解释了混凝土冻融破坏过程的许多现象，比如引气剂的使用，结冰速度对抗冻性的影响等。却无法解释另一些现象：混凝土会被一些在冻结过程中不会发生体积膨胀的液体所破坏，如苯、三氯甲烷。在此基础上，鲍尔斯和海尔姆斯（Helmuth，美国混凝土专家）在1945年提出了渗透压理论。

该理论认为：因为混凝土孔溶液中碱性离子的存在，在蒸气压的作用下，大孔中的部分溶液会先结冰，造成未结冰溶液中的离子浓度升高，与相邻较小孔隙中的溶液形成浓度差，产生渗透压，迫使小孔中的溶液向部分结冰的孔隙迁移。而对于不含有离子的孔溶液，因为冰的饱和蒸气压小于同温条件下水的饱和蒸气压，小孔中的溶液仍会向部分结冰的大孔迁移。根据物理化学的原理，水与冰两相间的渗透压力可以表示为

$$P = RT(\frac{1}{V_W} - \frac{1}{V_I})\ln\frac{P_W}{P_I} \qquad （3-4）$$

式中：P 为渗透压；R 为气体常数；T 为绝对温度；P_W 为水在温度 T 时的蒸气压；P_I 为冰在温度 T 时的蒸气压；V_W 为水的体积；V_I 为冰的体积。

3.1.4　温度应力假说

20世纪90年代，苏黎士大学学者米赫塔（Mihta P. K.）在第九届国际水泥化学会议上提出了混凝土冻融破坏的温差应力假说。该假说主要针对高强或高性能混凝土冻融破坏现象提出，认为高强或高性能混凝土冻融破坏主要是因为骨料与胶凝材料之间热膨胀系数相差较大，在温度变化过程中变形量相差较大，从而产生温度疲劳应力破坏。

3.1.5　微冰晶抽吸假说

德国埃森大学学者马克思（Max J.Setzer）教授提出了微冰晶抽吸假说理论并在文献中相继提出多孔硬化水泥浆体在冰冻作用下的微冰晶模型，把冻融循环过程抽象成作用泵，造成多孔浆体内部的冰冻抽吸运动，决定抽吸作用的因素是凝胶结构中不同冰点的过冷水间的平衡状态。

3.1.6　临界饱水理论

1975 年，临界饱水理论认为混凝土的冻融破坏存在一个临界的饱水值，只要充水程度低于临界饱水值就不会产生冻融破坏。

迄今为止，对混凝土的冰冻破坏机理的认识仍未达成共识，它可能是静水压或渗透压，或冻融过程中水分的不连续迁移等一个或多个作用的结合。目前，各国学者在前人研究成果之上又提出了新的理论，如吴中伟院士的孔结构理论、液态迁移理论、热弹性应力理论、温湿耦合理论、低温腐蚀理论等，每个新理论的提出都推动了混凝土抗冻耐久性研究的发展。

3.2　混凝土抗冻性能的主要影响因素

混凝土是一种复杂的多相、多组分材料，其性能与内部的微观结构紧密相关。通常情况下，孔结构包括不同孔径的分布、孔的形貌以及孔的空间排列情况。因此，能影响混凝土孔结构形成的因素都会影响混凝土的耐久性。总结国内外已有的研究成果及工程实践可以发现，混凝土抗冻性最主要的影响因素是混凝土的含气量，矿物掺合料的种类、掺量、品质以及混凝土中引入的气泡性质、孔结构等。

3.2.1　含气量

含气量是影响混凝土抗冻性的一个主要因素，特别是添加引气剂后形成的微小、封闭而且稳定均匀的气泡对于提高混凝土抗冻性有着显著效果。为了使得混凝土抗冻性有较好程度的提高，许多国家都给出了最佳含气量的参考值，一般为 3% ~ 6%。混凝土中含气量增加，平均气泡间距减小，在保持了最佳含气量的条件下，气泡间距使得因为冻融产生的压力减小。研究显示，当混凝土中含气量合适时，其抗冻性有很大的提高。混凝土抗冻性机理研究显示，混凝土的最大气泡间距系数是 0.25mm，对应的临界点含气量是 3%，当混凝土含气量超过 6% 后，抗冻性将不再提高。

3.2.2 引气剂种类

混凝土中的气泡是在混凝土搅拌过程中空气卷入而形成的，但新拌混凝土内部的气泡是一个热力学不稳定体系，其中分散的空气和基质间的界面有自由能存在，趋向吉布斯自由能降低，所以气泡是有一定寿命的。若混凝土凝结硬化慢，则硬化混凝土的含气量很少，直接影响混凝土的抗冻性。而引气剂是一种表面活性剂，能够降低体系的表面张力，让气泡在形成时因表面积增加而引起的自由能增幅减小，有利于气泡的稳定存在。虽然气泡本身是热力学不稳定体系，但表面活性物质的存在为气泡的稳定提供了条件。引气剂引入的气泡还具有稳定性，主要机理为：作为阴离子引气剂存在憎水性，它会与阳离子的水泥颗粒相互吸附，形成稳定的气泡结构。引气剂的加入形成的憎水膜因有一定的机械强度和弹性而不会聚集。憎水膜阻止了水进入气泡中，通过机械搅拌过程使气泡均匀分布。因此可以阻止气泡聚集，使引入混凝土中的气泡锚固于水泥浆和集料颗粒之间。像支架作用一样细小的集料将气泡锚固在混凝土当中。引气剂引入的气泡非常微小，气泡直径多为 $10 \sim 100\,\mu m$，气泡间不会相互连接成为大的孔隙，而且均匀分布。

国内当前引气剂的种类仍很少，常用的大致分为松香类引气剂、烷基苯磺酸盐类引气剂、皂角甙类引气剂三种类型。

（1）松香类引气剂。松香类引气剂主要由松香酸皂化物与松香、苯酚、硫酸、氢氧化钠在特定温度下缩合成酯类，再缩聚成大分子，经过氢氧化钠处理，得到钠盐的缩聚物，也就是松香热聚物。松香类引气剂可细分为松香皂类引气剂、马来酸松香皂引气剂、松香热聚物类引气剂。

（2）烷基苯磺酸盐类引气剂。这类引气剂的代表产品是十二烷基磺酸钠，是阴离子型表面活性剂。以丙烯作为原料聚合成丙烯四聚体—十二烯，与苯共聚成十二烷苯，经硫酸磺化成十二烷基苯磺酸，再中和成钠盐。

（3）皂角甙类引气剂。多年生乔木皂角树果实皂角中有一种辛辣刺鼻的提取物，主要成分为三萜皂甙。三萜皂甙属于非离子型表面活性剂。溶于水后，大分子吸附在气液界面上，形成两种基团的定向排列，降低气液界面的表面张力。并且三萜皂甙分子结构较大，形成的分子膜较厚，所形成的气泡膜的机械强度和弹性较高，更利于气泡的稳定存在。

混凝土冻融破坏的发生有两个必要条件：①内部有一定的可以被冻结的水；②处在反复正负温循环的环境中。引气剂可以引入大量稳定的微小气泡均匀地分布在混凝土内部，由于气泡提供充水空间，缓解了水结冰产生的膨胀压力，同时气泡也可容纳自由水迁入，缓解了渗透压力，从而显著提高了混凝土的抗冻性。研究表明，混凝土拌合物中的含气量、气泡间距系数以及气泡平均直径等，对引起混凝土的抗冻耐久性起关键影响。其中，气泡间距系数影响最大，其数值越小表明抗冻性越好，国内外对于其临界值的取值有不同的建议。实验显示，性能优良的引气剂引入的气泡平均直径低于 $20\,\mu m$，气泡间隔系数为 $0.1 \sim 0.2mm$，此时抗冻性最好。

3.2.3　水胶比

水胶比是混凝土设计的重要参数之一。

（1）水胶比会直接影响混凝土的孔隙率及孔结构。随水胶比（W/B）增加，开口孔总体积增大，平均孔径增加，造成混凝土的抗冻性能降低。

（2）水胶比（W/B）会影响混凝土本身强度及可冻结水量。当水胶比（W/B）高于一定值时，可冻结水量增加，孔结构粗大，混凝土基体强度低，采用其他方式来提高抗冻性极为困难，所以混凝土结构规范中对不同工程环境中的混凝土所允许最大的水胶比（W/B）作了规定。

3.2.4　矿物掺合料

等量取代时，当粉煤灰掺量是 15%，抗冻性有提高，但当其掺量超出一定值时，抗冻性会下降。就目前研究现状而言，国内外对于掺粉煤灰在混凝土工程中的应用存在着不同的看法。矿粉可以优化混凝土的孔结构，提高抗渗性，提高混凝土抵抗硫酸盐腐蚀的能力，使得混凝土的耐久性有了较大的改善。

3.2.5　混凝土的饱水状态

混凝土的冻害程度与其孔隙的饱水程度密切相关。一般认为含水量小于孔隙总体积的 91.7% 就不会产生冻结膨胀压力，该数值被称为极限饱水度。在混凝土完全饱水状态下，其冻结膨胀压力最大。混凝土的饱水状态主要与结构的部位及其所处自然环境有关。

3.2.6 混凝土受冻龄期

混凝土的抗冻性能与受冻龄期密切相关,受冻龄期越长,水泥水化越充分,混凝土自身强度越高,抵抗膨胀压力的能力越好。将混凝土能够抵抗冻害的最低强度称为混凝土受冻临界强度。

3.2.7 水泥品种及骨料质量

混凝土的抗冻性随水泥活性增高而提高。研究发现普通硅酸盐水泥混凝土的抗冻性优于复合水泥混凝土,更优于火山灰水泥混凝土。混凝土骨料对抗冻性的影响主要在于集料的吸水量及集料本身的抗冻性能。

3.2.8 化学外加剂

研究表明,添加适宜的化学外加剂会大大改善混凝土的抗冻性,其中应用得最普遍的是引气剂和减水剂。引气剂能够在混凝土的搅拌过程中引入大量封闭的微小气泡并且稳定、均匀分布,从而改善了混凝土工作性能,提高了混凝土抗冻耐久性。减水剂能够降低水的用量、减小孔隙率,最终提高抗冻性能。

3.3 原材料及试验方法

3.3.1 原材料

(1)水泥。选用 P.O42.5 级水泥,其化学成分见表 3-1,物理性能指标见表 3-2。

(2)矿物掺合料。

1)矿粉:某厂水淬高炉矿粉,经处理后,比表面积为 $470m^2/kg$,密度为 $2.88g/cm^3$,其主要化学成分见表 3-1。

2)粉煤灰:某厂生产的 II 级灰,比表面积为 $330m^2/kg$,密度为 $2.45g/cm^3$,其主要化学成分见表 3-1。

表 3-1 水泥及矿物掺合料化学成分

名称	CaO	SiO₂	Al₂O₃	Fe₂O₃	MgO	SO₃	Na₂O	K₂O	f-CaO	烧失量
水泥	58.99%	20.02%	6.19%	2.65%	2.53%	2.67%	0.18%	0.34%	1.46%	3.08%
矿粉	37.59%	30.97%	11.4%	1.79%	7.6%	0.22%	0.37%	0.66%	—	1.01%
粉煤灰	3.41%	40.08%	25.31%	15.35%	0.49%	0.76%	—	—	—	3.25%

表 3-2 水泥的物理性质

细度	标准稠度用水量	凝结时间（min）		安定性	抗压强度（MPa）		抗折强度（MPa）	
		初凝	终凝		3d	28d	3d	28d
10.0%	26.8%	150	210	合格	30.9	55.7	5.8	8.8

（3）细集料。选用的细集料的各项技术指标如表 3-3 所示。

表 3-3 天然砂的性能指标

表观密度（kg/m³）		2680	筛孔尺寸（mm）	筛余质量（g）	分计筛余	累计筛余
堆积密度（kg/m³）	松散	1580	4.75	23.0	4.6%	4.6%
	紧密	1640	2.36	83.0	16.6%	21.2%
空隙率	松散	41.0%	1.18	114.0	22.8%	44.0%
	紧密	38.8%	0.60	106.5	21.3%	65.3%
含泥量		0.9%	0.30	102.0	20.4%	85.7%
			0.15	56.0	11.2%	96.9%
			筛底（g）	15.5	3.1	100.0
			细度模数		3.0	

（4）粗集料。粗集料采用 5～10mm 和 10～20mm 两种粒径的石灰石碎石，使用时按质量比 5：5 混合使用，其性能指标分别见表 3-4 和表 3-5。

表 3-4　　　　　　　　　　　　　5～10mm 碎石的性能指标

表观密度（g/cm³）		2680	筛孔尺寸（mm）	筛余质量（g）	分计筛余	累计筛余
堆积密度（kg/m³）	松散	1385	26.5	0	0	0
	紧密	1485	19.0	0	0	0
空隙率	松散	48.3%	16.0	0	0	0
	紧密	45.0%	9.50	90	4.5%	4.5%
含泥量		0.5%	4.75	1350	67.5%	72.0%
			2.36	480	24.0%	96.0%
			筛底（g）	80	4.0	100.0

表 3-5　　　　　　　　　　　　　10～20mm 碎石的性能指标

表观密度（g/cm³）		2690	筛孔尺寸（mm）	筛余质量（g）	分计筛余	累计筛余
堆积密度（kg/m³）	松散	1405	26.5	0	0	0
	紧密	1535	19.0	695	13.9%	13.9%
空隙率	松散	47.8%	16.0	1015	20.3%	34.2%
	紧密	42.9%	9.5	2805	56.1%	90.3%
含泥量		0.7%	0.6	430	8.6%	98.9%
			2.36	35	0.7%	99.6%
			筛底（g）	20	0.4	100.0

（5）引气剂。试验选用的引气剂的技术指标见表 3-6。

表 3-6　　　　　　　　　　　　　引气剂的技术指标

编号	类别	外观	固含量
A	松香类引气剂	棕褐色液体	15%
B	三萜皂苷	白色粉体	—
C	十二烷基硫酸钠（K12）	白色粒状固体	—

（6）减水剂。试验选用高效萘系减水剂、减水率29.1%，推荐掺量0.2%～0.8%；试验选用聚羧酸减水剂，减水率30%，推荐掺量1.2%～2.0%，固含量24.6%。

（7）水。试验用水为自来水。

3.3.2 试验方法

（1）含气量测试。参照 GB/T 50080—2016《普通混凝土拌合物性能试验方法》中的含气量试验进行测试，本次试验用的含气量测定仪的内表面粗糙度小于3.2μm，容积为7L，压力量程为0～0.25MPa，精确度为0.01MPa。

在测定拌合物含气量之前，要先测拌合物中骨料的含气量。往容器加入1/3高度的水，称粗、细骨料质量，计为m_g和m_s，拌匀后倒入容器。水面每升高25mm插捣10次，直到骨料全部加入，浸泡约5min后，用橡皮锤敲容器外壁，从而排净气泡，除去水面泡沫后加水至满。然后按规定的操作步骤测出骨料含气量A_g，其中试样中粗、细骨料的质量按式（3-5）和式（3-6）计算，即

$$m_g = \frac{V}{1000} \times m_g' \tag{3-5}$$

$$m_s = \frac{V}{1000} \times m_s' \tag{3-6}$$

式中：m_g、m_s是试样中粗、细骨料质量，kg；m_g'、m_s'是每立方米混凝土拌合物中的粗、细骨料质量，kg/m^3；V是含气量测定仪容器的容积，L。

将混凝土拌合物分三次装入测量仪，每层高度为1/3容器；每层装好后从边缘向中间插捣25次，然后用橡皮锤敲容器外壁，最后一次装入测量仪后，将混凝土拌合物顶层刮平，擦净容器边缘，装好密封垫圈，按规定步骤测定混凝土含气量A_0。混凝土拌合物实际含气量计算公式为

$$A = A_0 - A_g \tag{3-7}$$

式中：A是混凝土的含气量；A_0是两次含气量测定的平均值；A_g是骨料含气量。

（2）混凝土抗冻性能测试。本次试验采用快冻法，用混凝土试件在水冻水融条件下，所承受的快速冻融的循环次数或者是耐久性系数来表示其抗冻性。混凝土冻融循环次数应该以既满足相对动弹性量值不小于60%，又满足质量损失率不超过5%时的最大的循环次数来表示。混凝土的相对动弹性模量计算公式为

$$P = \frac{f_N^2}{f_0^2} \times 100\%$$ （3-8）

式中：P 是经过了 N 次冻融循环后的相对动弹性模量；f_N 是经过了 N 次冻融循环后的横向基频，Hz；f_0 是冻融循环试件前的横向基频，Hz。

混凝土的质量损失率计算公式为

$$\Delta w_N = \frac{G_0 - G_N}{G_0} \times 100\%$$ （3-9）

式中：Δw_N 是经过了 N 次冻融循环后的质量损失率，取 3 个试件的平均值；G_0 是冻融循环前的质量，kg；G_N 是经过了 N 次冻融循环后的质量，kg。

混凝土的耐久性系数可以表示为

$$DF = P_N / 300$$ （3-10）

式中：DF 是耐久性系数；P 是循环 N 次后的相对动弹性模量；N 是试验停止时的冻融循环次数。

3.4 混凝土抗冻性能影响因素分析

3.4.1 引气剂对混凝土抗冻性能的影响

引气剂可以引入大量稳定的微小气泡，均匀地分布在混凝土内部，由于气泡提供了充水空间，缓解了水结冰产生的膨胀压力，同时气泡也可容纳自由水迁入，缓解了渗透压力，从而显著提高了混凝土的抗冻性。同时，有研究也证实掺入引气剂能显著提高混凝土的抗冻耐久性。

试验采用快冻法，根据 GB/T 50082—2009《普通混凝土长期性能和耐久性试验方法标准》的规定，当冻融循环出现以下情况之一时，可停止试验：①达到规定的冻融循环次数；②试件的相对动弹性模量下降到 60%；③试件的质量损失率达 5%。本节实验涉及的主要评价指标为相对动弹性模量，试验结果如图 3-1 和图 3-2 所示。图中分别为引气剂的掺合料百分比 0、0.02%、0.04%、0.06% 时的不同冻融循环次数下相对动弹性模量对应曲线，P60 为相对动弹性模量下降到 60% 时对应的次数。

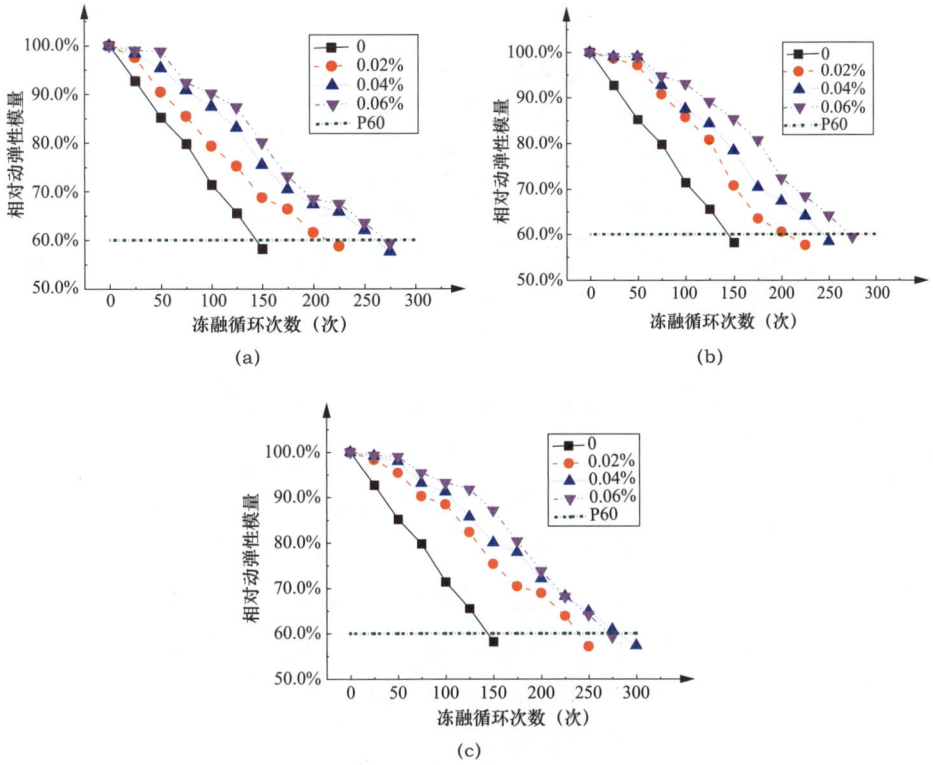

图 3-1　引气剂对 C30 混凝土抗冻性能的影响

（a）A 类引气剂；（b）B 类引气剂；（c）C 类引气剂

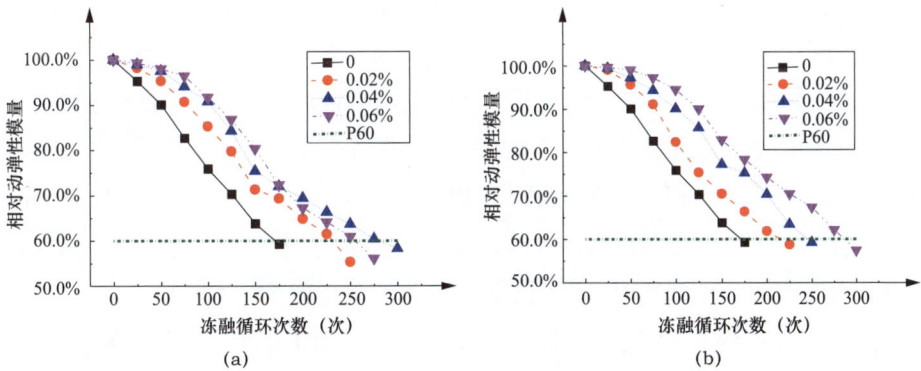

图 3-2　引气剂对 C40 混凝土抗冻性能的影响（一）

（a）A 类引气剂；（b）B 类引气剂

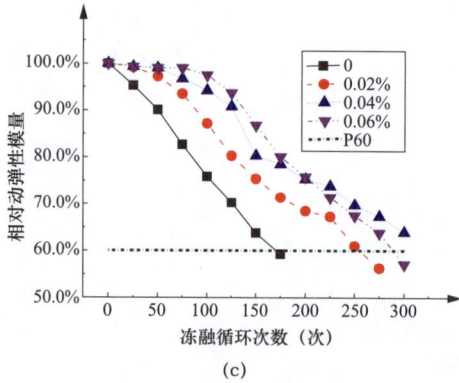

图 3-2 引气剂对 C40 混凝土抗冻性能的影响（二）

（c）C 类引气剂

由图 3-1 可知，C30 基准组混凝土的抗冻等级为 F125，掺入引气剂后，混凝土的抗冻性能均大幅度提高。掺入 A（松香）类引气剂后，掺量为 0.04% 时，抗冻性能最佳，抗冻等级为 F250，相对动弹性模量为 62.0%；掺入 B（三萜皂甙）类引气剂，抗冻性能随引气剂掺量增大而增强，掺量为 0.06% 时，抗冻等级为 F250，相对动弹性模量为 64.1%；掺入 C（K12）类引气剂后，掺量为 0.04% 时，抗冻性能最佳，抗冻等级为 F275。

保持其他条件一致的情况下，引气剂对混凝土抗冻性能的影响主要有两方面原因：①引气剂的掺入可以降低液相的表面张力，使混凝土在搅拌过程中引入的气泡能够稳定地存在于混凝土内部，这些封闭且均匀分布的微小气泡为混凝土在冻融过程中内部水的迁移提供了空间，缓解水在水泥石内部迁移过程中产生的压力，故能有效提高抗冻性能；②混凝土含气量的提高会降低体系的密实度，使得混凝土的力学性能（抗压强度、抗折强度、弹性模量）有所降低，抵抗冻融破坏的能力下降。综合以上两种原因，可以解释图 3-1 的现象：掺入 A 类引气剂，虽然含气量随引气剂掺量增加而提高，理论上混凝土的抗冻性也会随之增强，但由于引气剂掺量为 0.06% 时，混凝土的力学性能降低幅度太大，故掺量为 0.04% 抗冻效果最佳；掺入 B 类引气剂，由于含气量小，对混凝土力学性能影响较小，所以抗冻性能随引气剂掺量增加而提高；掺入 C 类引气剂，掺量 0.04% 时，抗冻性能效果最佳，原因与使用 A 类引气剂相同。三类引气剂提高抗冻性能的效果排序为 C 类引气剂＞ B 类引气剂＞ A 类引气剂。

由图 3-2 可知，C40 基准组的抗冻等级为 F150，掺入引气剂能大幅提高混凝土的抗冻性能。掺入 A 类引气剂的混凝土抗冻等级达到 F275，相对动弹性模量为 60.4%；掺入 B 类引气剂的混凝土抗冻等级达到 F275，相对动弹性模量为 62.1%；掺入 C 类引气剂的混凝土抗冻等级达到 F300，相对动弹性模量仍有63.9%。引气剂对 C40 抗冻性能的影响规律与 C30 一致，作用机理类似：引入的气泡本身不仅会提高抗冻性，还会降低混凝土的力学性能，所以抗冻性能受这两方面的综合影响。

3.4.2　水胶比对混凝土抗冻性能的影响

水胶比对混凝土抗冻性能的影响主要两方面：①影响混凝土的强度，即抵抗冻融破坏的能力；②影响混凝土内部可冻结水量。有学者研究水灰比对混凝土气泡特征参数的影响发现，当水胶比小于 0.27 时，非引气的混凝土也具有良好的抗冻性能。法国学者皮容（Pigeon）认为水胶比低于 0.30 就可以达到高抗冻，美国阿肯色大学学者迈卡（Micah Hale）等人研究发现，当混凝土原材料性能较好时，水胶比低于 0.36 的混凝土没必要使用引气剂来提高混凝土的抗冻性能，水胶比对混凝土抗冻性能的影响结果如图 3-3 所示。

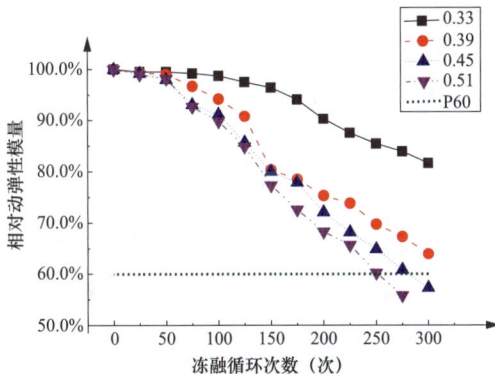

图 3-3　水胶比对混凝土抗冻性能的影响

由图 3-3 可知，混凝土的抗冻性能随水胶比降低而提高。当水胶比为 0.51时，混凝土抗冻等级仅为 F250；水胶比为 0.39 时，混凝土抗冻等级为 F300，此时相对动弹性模量为 63.9%；水胶比为 0.33 时，混凝土抗冻等级为 F300，此时相对动弹性模量为 81.6%，抗冻性能良好。

3.4.3 掺合料对混凝土抗冻性能的影响

掺合料作为配制高性能混凝土的必要组分之一，不仅能有效改善混凝土的工作性能，还因其所具有"火山灰"效应，能改善混凝土的耐久性能。矿物掺合料对 C30 混凝土抗冻性能的影响见图 3-4，图中为掺合料分别为 0、10%、20%、30% 时对应的极限，P60 为相对动弹性模量下降到 60% 时对应的次数；矿物掺合料对 C40 混凝土抗冻性能的影响见图 3-5，其中 H1 组（即粉煤灰：矿粉 =3∶7），H2 组（即粉煤灰：矿粉 =5∶5），H3 组（即粉煤灰：矿粉 =7∶3）。

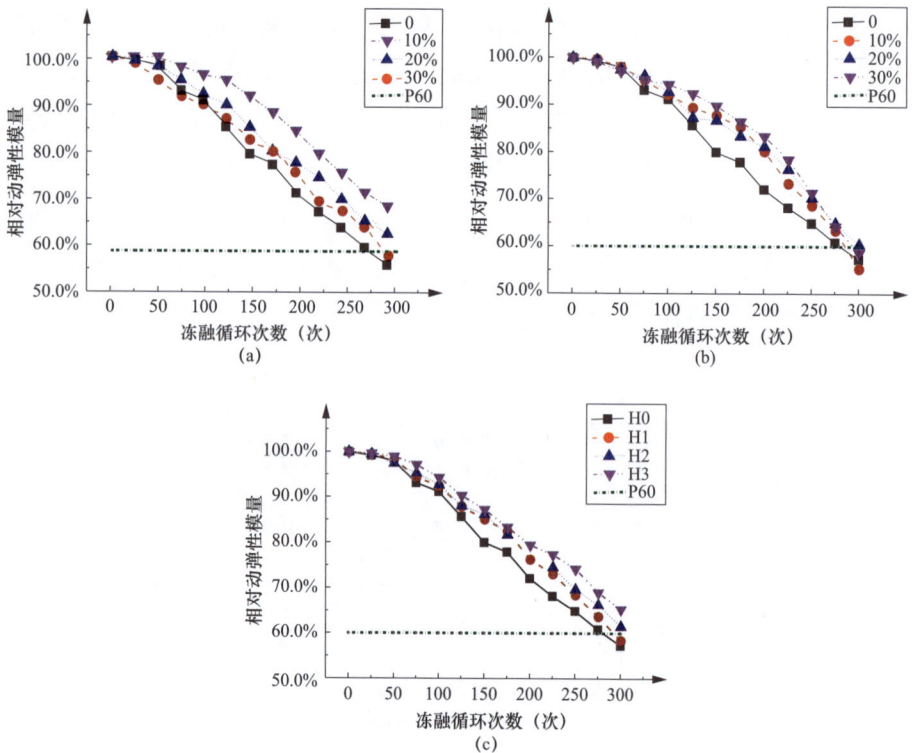

图 3-4 掺合料对 C30 混凝土抗冻性能的影响
（a）粉煤灰单掺；（b）矿粉单掺；（c）掺合料复掺

由图 3-4（a）可知，C30 混凝土基准组的抗冻等级为 F275，相对动弹性模量为 60.8%。掺入粉煤灰后，C30 混凝土的抗冻性能提高，C30 混凝土抗冻性能随粉煤灰掺量增加而降低，当粉煤灰掺量为 10% 时，C30 混凝土抗冻等级达到 F300，相对动弹性模量为 69.4%。由图 3-4（b）可知，矿粉的掺入对 C30 混凝土抗冻性能影响不显著，相对基准组，掺量为 20% 时，C30 混凝土抗冻性能略有提高，抗冻等级为 F300，相对动弹性模量为 60.4%。由图 3-4（c）可知，掺合料复掺会提高 C30 混凝土抗冻性能，从 H1～H3，混凝土抗冻性能略有提高，H3 的抗冻性能最佳，抗冻等级为 F300，相对动弹性模量为 65.4%。综上所述，粉煤灰与矿粉单掺或者二者复掺均会不同程度地提高 C30 混凝土抗冻性能。根据相关实验结果，粉煤灰单掺且掺量为 10% 时，C30 混凝土的抗冻性能最好。

由图 3-5（a）可知，C40 混凝土基准组的抗冻等级为 F300，相对动弹性模量为 63.9%。粉煤灰掺入后会提高 C40 混凝土的抗冻性能。当粉煤灰掺量为 10%～30% 时，C40 混凝土的抗冻性能随粉煤灰掺量的增加呈先增加后减弱的趋势。粉煤灰掺量为 20% 时，混凝土的抗冻等级为 F300，相对动弹性模量为 77.3%。由图 3-5（b）可知，矿粉掺入后会提高 C40 混凝土的抗冻性能，掺量为 10% 时，混凝土抗冻性能最好，抗冻等级为 F300，相对动弹性模量为 75.2%。由图 3-5（c）可知，掺合料复掺能够提高 C40 混凝土的抗冻性能。H1 组（即粉煤灰：矿粉 =3：7）C40 混凝土抗冻性能提高不显著，H3 组（即粉煤灰：矿粉 =7：3）C40 混凝土的抗冻性能最佳，抗冻等级为 F300，相对动弹性模量为 73.5%。

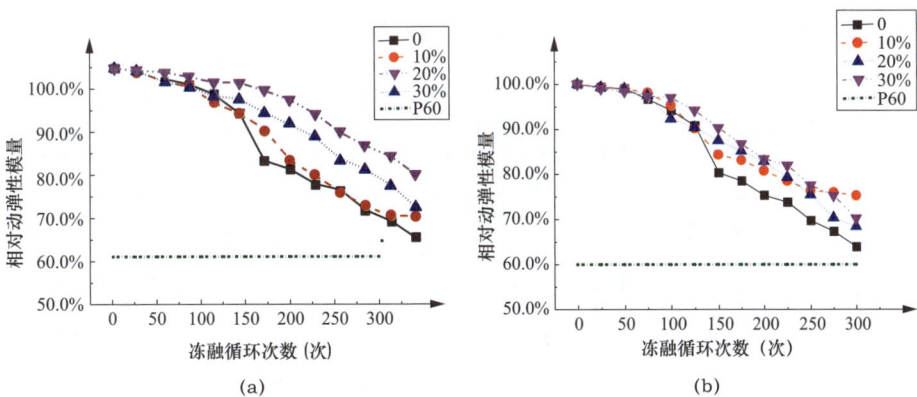

图 3-5　掺合料对 C40 混凝土抗冻性能的影响（一）

（a）粉煤灰单掺；（b）矿粉单掺

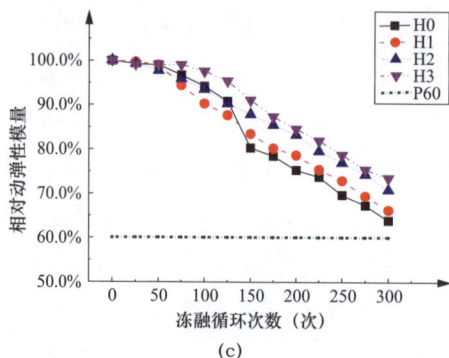

图 3-5　掺合料对 C40 混凝土抗冻性能的影响（二）

（c）掺合料复掺

根据相关实验结果，粉煤灰单掺且掺量为 20% 时，C40 混凝土的抗冻性能最好。

3.4.4　搅拌时间对混凝土抗冻性能的影响

影响混凝土抗冻性能的因素非常多，比如在一定范围内延长搅拌时间，通过物理作用可以提高混凝土的含气量；搅拌时间的改变也会影响混凝土的力学性能。通过分析这些因素的作用机理，可以发现其最终都是通过影响混凝土的强度与气孔结构而改变混凝土的抗冻性能，所以本节主要研究搅拌时间对混凝土抗冻性能的影响，搅拌时间对混凝土抗冻性能的影响结果见图 3-6，图中分别为搅拌 80s、100s、120s、140s 时相对动弹性模量与冻融循环次数之间的关系曲线。

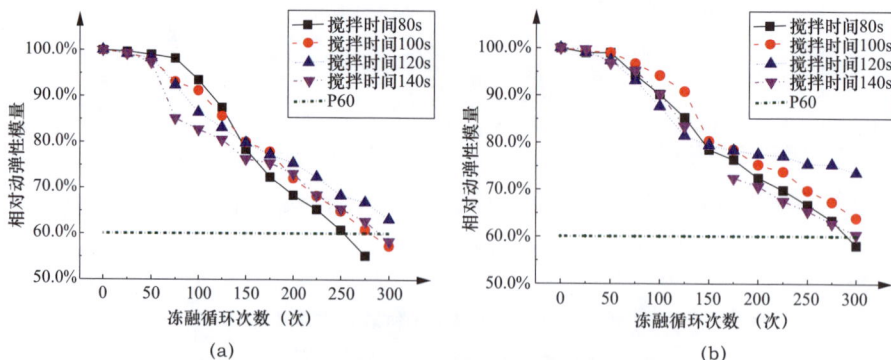

图 3-6　搅拌时间对混凝土抗冻性能的影响

（a）C30 混凝土；（b）C40 混凝土

由图 3-6（a）可知，对 C30 混凝土而言，当搅拌时间为 80s 时，其抗冻性能最差，抗冻等级为 F250，相对动弹性模量为 60.8%。随搅拌时间延长，C30 混凝土抗冻性能有不同程度的提高，搅拌时间为 120s 时效果最显著，抗冻等级为 F300，相对动弹性模量为 63.1%。因此，搅拌时间为 80～120s 时，C30 混凝土的抗冻性能随搅拌时间延长而提高，主要原因在于随搅拌时间延长，混凝土的含气量提高，混凝土的抗压强度提高。当搅拌时间超过 120s 后，虽然混凝土的抗压强度几乎没变化，但由于含气量减小，所以抗冻性能提高。由图 3-6（b）可以发现，搅拌时间为 80～120s 时，C40 混凝土的抗冻性能随搅拌时间延长而提高，影响规律与 C30 混凝土一致。搅拌时间为 120s 时，C40 混凝土的抗冻性能最好，抗冻等级为 F300，相对动弹性模量为 73.5%。

3.4.5　抗冻混凝土配合比优化及性能测试研究

根据本章试验结果，选取各项效果最优的参数水平。引气剂选用 C 类（十二烷基硫酸钠—K12），矿物掺合料选用粉煤灰，搅拌时间为 120s。控制含气量为 4.0±0.5%，抗冻混凝土优化配合比见表 3-7。

表 3-7　　　　　　　　　　　　　优化配合比

强度等级	水胶比	水（kg/m³）	水泥（kg/m³）	粉煤灰（kg/m³）	砂（kg/m³）	小石（kg/m³）	大石（kg/m³）	减水剂（kg/m³）
C30	0.45	180	360	40	675	440	650	2.40
C40	0.39	170	352	88	660	430	640	2.64

（1）抗冻混凝土工作性能测试。工作性能是混凝土在凝结硬化前必须具备的性能，是混凝土拌合、运输、浇灌、捣实及成型密实的重要影响因素。本节将对 C30、C40 抗冻混凝土的坍落度及含气量进行测试，混凝土配合比见表 3-7。

抗冻混凝土工作性能测试结果见表 3-8。

表 3-8　　　　　　　　　　抗冻混凝土工作性能测试

强度等级	含气量	坍落度（mm）
C30	3.8%	210
C40	4.0%	220

（2）抗冻混凝土力学性能测试。大量研究结果表明，引气剂的使用会对混凝土的力学性能造成不利影响，而混凝土的力学性能与混凝土的抗冻性能、抗氯离子渗透等耐久性能密切相关，同时混凝土的力学性能也是工程施工中控制和评定混凝土质量的重要指标。本节将对 C30、C40 抗冻混凝土的抗压强度、抗折强度、弹性模量、轴心抗压强度进行测试，混凝土配合比见表 3-7。

抗冻混凝土力学性能（28 天龄期）测试结果见表 3-9。

表 3-9　　　　　　　　　　　　抗冻混凝土力学性能测试结果

强度等级	抗压强度（MPa）		抗折强度（MPa）		弹性模量（GPa，28d）
	7d	28d	7d	28d	
C30	25.5	35.1	2.5	4.0	29.1
C40	30.9	45.9	2.4	3.1	30.5

（3）抗冻混凝土塑性开裂及收缩性能测试。混凝土中引气剂的使用致使混凝土拌合物含气量增加，进一步改善了混凝土的抗冻性能，但是含气量的过量引入，不但会对混凝土的力学性能产生不良影响，而且会严重影响混凝土塑性开裂及收缩性能，从而进一步加大混凝土塑性开裂的风险。混凝土结构的破坏往往是裂缝扩展的结果，混凝土裂缝的存在可能使混凝土结构构件承载能力降低，挠度增大，同时它也是侵蚀性介质向混凝土基体渗透、迁移的通道，严重影响到混凝土结果的耐久性。本节将对 C30、C40 抗冻混凝土的塑性开裂及收缩性能进行测试，混凝土配合比见表 3-7。

抗冻混凝土塑性开裂及收缩性能测试结果见表 3-10 与图 3-7。

表 3-10　　　　　　　　　　　　抗冻混凝土塑性开裂性能测试

强度等级	最大裂缝宽度（mm）	单位面积的总开裂面积（mm²/m²）	第一条裂缝出现时间（h）
C30	0.55	637	5.15
C40	0.90	750	4.65

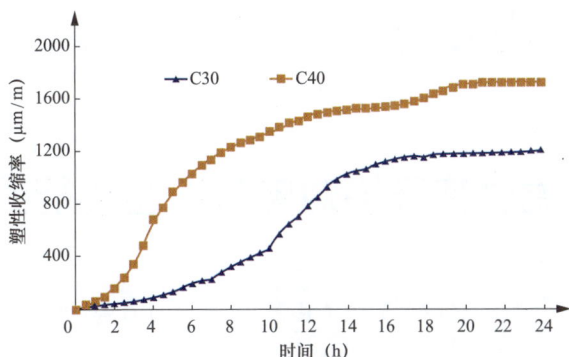

图 3-7　抗冻混凝土塑性收缩性能测试

（4）抗冻混凝土耐久性能测试。混凝土的抗氯离子渗透性能、抗硫酸盐侵蚀性能与混凝土的孔隙率、孔径分布及混凝土与结构硬化物密实性有关，同时这几项影响因素也与混凝土的抗冻性能密切相关。此次实验对 C30、C40 抗冻混凝土的抗氯离子渗透性能、抗硫酸盐侵蚀性能及抗冻性能进行测试，混凝土配合比见表 3-7。

抗冻混凝土抗氯离子渗透性能及抗硫酸盐侵蚀性测试结果见表 3-11，抗冻性能测试结果见表 3-12。

表 3-11　　　　　　抗冻混凝土抗氯离子渗透、抗硫酸盐侵蚀性能测试

强度等级	电通量（C）	抗压强度耐蚀系数
C30	1955	85.8%
C40	1543	91.3%

表 3-12　　　　　　　　抗冻混凝土抗冻性能测试

强度等级	测试结果	冻融循环次数（次）									
		50	100	125	150	175	200	225	250	275	300
C30	相对动弹性模量	98.6%	96.9%	95.2%	93.5%	89.2%	85.4%	80.6%	78.2%	73.5%	72.1%
C40	相对动弹性模量	99.2%	98.2%	97.4%	94.9%	93.2%	90.6%	87.2%	83.5%	82.4%	78.5%

本书中抗冻混凝土抗氯离子渗透性能与抗硫酸盐侵蚀性能均为混凝土 28d 龄期时进行测试试验，抗硫酸盐侵蚀试验进行 90 次干湿循环。

4 气温剧变环境对电气设备性能的影响

本章针对金属封闭气体绝缘组合电器（gas isolated switchgear，GIS）、直流换流阀、电流互感器、变压器四种主要典型电气设备，开展了气温剧变环境下的性能影响研究。

4.1 气温剧变环境对 GIS 性能的影响

GIS 具有占地面积小、绝缘性能好、安全可靠、寿命长、运行方便等特点，已广泛应用于各电压等级的电力系统中。但是在户外，特别是复杂气候和地质环境下，母线筒不可避免地受到运行中温度变化产生的热胀冷缩、基础不均匀沉陷、断路器操作时的瞬间振动等因素的影响。当母线筒的波纹管母线不能有效地吸收和释放应力的情况下，经过时间的积累，应力会在薄弱处进行释放，有可能造成母线筒偏移、母线支撑断裂、设备漏气等严重后果。

4.1.1 GIS 故障检测技术

GIS 内局部放电的形成机理比较复杂，主要可能由以下某一种因素直接导致或多种因素共同作用产生。

（1）存在电位体。包括由于导体间未形成紧密连接造成的固定电位体和导体周围悬浮的电位体。

（2）存在自由金属微粒。当六氟化硫中混入自由金属微粒后，将会在内部电场的作用下形成局部放电。

（3）存在"尖突"。即导体或绝缘体由于制造或安装工艺不足而造成的表面缺陷，这种缺陷增加了尖端放电的可能。

（4）存在固体微粒。并不一定是金属微粒，这种微粒固定在绝缘体表面会降低绝缘体的绝缘强度，类似于污闪的形成。

（5）存在缝隙。即绝缘体存在缝隙，导致不同导体形成了局部连接，形成了放电通道。

根据是否检测电气信号，可将局放检测技术分为电测法和非电测法。常用的电测法包括脉冲电流法、超高频检测法等；非电测法则包括超声波检测法、光学检测法、化学检测法等。

（1）脉冲电流法。脉冲电流法的基本原理是欧姆定律。可以想象，GIS 内发生局部放电时必然存在电荷的转移，通过在被试验的 GIS 壳体两端连接导线和阻抗，局部放电产生的脉冲电流将会流过阻抗，这时只要检测阻抗两端的电压是否变化，即可以判断 GIS 是否存在局部放电缺陷。由于脉冲电流法原理简单、实施方便，很早就被国际电工委员会（International Electrotechnical Commission, IEC）组织进行了标准化。标准化带来的好处是只要按照标准化条件进行的试验，获取的数据均能进行对比，这有效促进了 GIS 局部放电现象的研究。但值得注意的是，脉冲电流法对于试验环境的要求十分苛刻，一般只在理想实验室进行测试。比如试验回路本身也可以视作电气设备，同样存在局部放电的可能，其所产生的局放信号将会与 GIS 内部的局放信号叠加，使获取的结果变得不准确。目前，优化脉冲电流法的试验结果主要从两方面着手：①对测量系统进行改进，比如限制测量系统本身的局放水平并屏蔽外部噪声，还可以精确耦合电容的设置值提高测试的灵敏度；②研究信号的分析技术，脉冲电流法所得的信号一般处在低频，根据信息理论，一定时间内获得的信息量比较少，因此通过信号辨识、分类等技术提供信息的效用将十分重要。

（2）超高频检测法。GIS 发生局部放电时，内部会有脉冲电流通过，脉冲电流法就是通过检测脉冲电流在试验回路阻抗上的电压来检测局部放电。而通过观察，当六氟化硫气体局部被击穿，由于周围气体绝缘能力并未完全破坏，会有很陡的脉冲电流产生在较小的区域且时间很短。根据电磁波理论，由脉冲电流所感应的电磁波将迅速向周围传播，且频率十分高。因此，超高频（ultra high frequency, UHF）检测法即是检测脉冲电流产生的高频电磁波来检测局部放电的。由于这种高频信号十分明显，只要设置合适的天线就能捕捉到，超高频检测法的灵敏度相当高。提高的灵敏度的弊端是降低准确度。天线不仅对于 GIS 局部放电产生的高频信号敏感，对于环境中其他高频电磁波同样敏感，这就使检测结构遭到严重的噪声干扰。目前对于这个问题的解决办法是将超高频传感器放置在 GIS 内，利用 GIS 外壳屏蔽外部干扰。显然这也为 GIS 设计和制造带来了不便。另外，超高频检测法还有一个好处是可以对 GIS 局部放电的位置进行定位，这是前述脉冲电流法不能实现的。

由于脉冲电流法已经相对成熟，目前国内外研究的重点都放在超高频检测法的应用研究上。前述将超高频传感器放置在 GIS 内可以屏蔽外部干扰，在英国，贾德（Judd）则依然使用外部传感器，只是在 GIS 腔体上巧妙地进行了"开窗"的设计，试验时将外部传感器置身其中，发现测量的灵敏性并未降低。亦有针对局放源定位的研究。比如英国斯特拉斯克莱德大学的学者汉普顿（Hampton）的研究队伍，通过对 GIS 缺陷模型在不同局放源下进行模拟局放，再使用超高频检测法进行测试，获得各种局放源的局放信号特征。此外，该实验室还进一步对局放源的定位进行了研究。国内重庆大学的孙才新教授进行的研究与贾德（Judd）团队方向相似，并以超高频传感器内置为基础构筑了一套 UHF 实时检测 GIS 局部放电现象的系统。西安交通大学的王建生教授则从基础理论和超高频检测法的传感器着手研究，确定了几种影响 GIS 内电磁波传播的因素，同时推导得出不同形状的天线传感器对于电磁波的频响传函。河南电力科学研究院基于有限元法也做了同样的研究。这些对于局部放电后产生的电磁波路径及特性研究，作为超高频检测法的基础取得了大量的成果。

（3）超声波检测法。超声波检测法是一种利用声信号检测 GIS 设备内部局放的手段。声音虽然在真空中不能传播，但在充满六氟化硫的腔体中却能有效传播，并能透过金属外壳被超声波传感器接收到。这是由于局部放电往往伴随分子微粒的碰撞，使周围气体压力突变，这样一个强大的"振源"就形成了。由于其所产生的超声波脉冲能够传播至腔体外，故不需要事先将超声波传感器放置于 GIS 内部，既避免了 GIS 制造和安装流程变得复杂，也不会对 GIS 设备的工作运行造成障碍。

通过分析超声波在 GIS 内的传播规律，可以发现超声波检测法的优点是超声波脉冲的频率覆盖可以达到 20～100kHz，只要通过信号辨识方法滤除噪声，比较不容易混杂其他电磁干扰信号。超声波检测法的缺点则是声信号在空气和绝缘子中传播会有较大的衰减，如果 GIS 内局放程度比较小，所产生的超声波信号幅值也会比较小，当到达超声波传感器处时可能不能达到其能检测的最低幅值。经过长期的研究，基本确认该检测方法对电位体、金属微粒及"尖突"缺陷引起的局部放电较为敏感，只是难以发现绝缘子缺陷引起的局部放电，因此作为参考方法也值得被推荐。另外，目前生产的超声波传感器所能检测的区域都比较小，由于实际检测时不能确定局放的位置，为确保检测完整性，必须在现场放置多个传感器。

虽然超声波检测法有其固有的缺点，但由于其在众多检测方法中还是相对容易实现的，经过长期的发展目前已形成成熟的技术。国外研究主要集中在超声波信号的传播基础理论，并由此发展出不同的超声检测系统，如挪威的伦高（L. E. Lundgaard）团队和马来西亚的哈克（Md. Enamul Haque）团队，后者更在超声波局放定位方面进行了前沿的研究。国内研究则更偏向于实际应用，如西安交通大学罗勇芬博士团队设计出基于超声相控接收阵的超声波传感器，不仅能对局部放电进行检测，同样也能提供定位的条件。

（4）光学检测法。同样，光学检测法则是对局部放电过程中的另一个物理量光信号进行检测，间接发现 GIS 内局部放电的方法。光信号的"传感器"一般由光电二极管搭配光电倍增管组成，由于光信号不能透过 GIS 外壳传播至腔体外，因而光信号传感器只能内置。内置传感器的好处是有效避免了外部的信号干扰，但也造成了光学检测法较难推广应用的三个缺点：

1）检测"盲点"的产生。局放的光信号强弱并不是持续不变的，六氟化硫的气体浓度会对其产生影响。而 GIS 内金属表面光滑程度则造成了光反射的差异。两者共同作用的结果，就出现了检测的"盲点"。

2）要解决检测"盲点"的问题，则需要配置更多的光学传感器，这就造成了第二个缺点，即成本的上涨。

3）对于正在运行的 GIS 设备，已经不可能再内置光学传感器，这也限制了光学检测法的应用推广。

作为光学成员的紫外线与红外线也可以类似地进行 GIS 局部放电的检测。紫外线检测技术与光学检测法类似，是通过检测局部放电时产生的特定波长范围（一般为 40 ~ 400ns）电磁波来判断 GIS 内部是否发生局部放电。由于紫外线无法穿透 GIS 外壳，因而如果需要检测 GIS 内部的缺陷情况，则必须提前将紫外光检测器内置，这点与光学检测法是一样的。但紫外线检测技术还有一个可以利用的特点，即 GIS 表面发生局部放电时会产生人眼没办法识别（特别在白天）的电晕现象，通过对电晕产生的紫外线进行测量则可以诊断 GIS 表面的缺陷情况。作为 GIS 状态监测的补充手段，紫外线检测技术有时也被应用到现场监测中。

红外测温早已被广泛地应用到电力、机械设备缺陷的检测中。红外线检测是基于 GIS 内部发生局部放电时由于气体碰撞产生的内能释放，导致 GIS 内温度剧烈变化的现象而设计的，并通过成像技术反映 GIS 内部的温度场分布。根据黑体辐射理论，温度在绝对零度以上的物体都会自发地不断向周围辐射能量，并以红外线（波长为 25 ～ 750ns）的形式传播。绝对零度现在只能在实验室条件实现，因而实际运行的 GIS 设备都符合黑体辐射条件，只要通过设备捕捉红外信号并通过信号处理手段转换成可见的热像图谱，即可直观地反映 GIS 设备温度场分布情况。目前，不同缺陷情况下局部放电的热像图谱已经能够通过实验方法得到，现场检测得到的热像图谱只要和实验图谱进行对比即可判断出 GIS 内部设备的缺陷情况。相较于前述的可见光、紫外光，红外检测方法，有着无需内置检测器、不影响 GIS 设备正常运行、测量便捷直观等诸多优势，是一种十分有效的设备缺陷检测方法。当然，该方法的局限是只能针对会引起温度场发生变化的设备缺陷，但对于 GIS 多数缺陷模型来说已经相当实用了。

（5）化学检测法。化学变化往往伴随着物理现象，物理现象也可能引起化学变化。GIS 内部发生局部放电的时候，由于压力、温度等条件的变化，GIS 内部的六氟化硫气体将会发生分解，甚至与周围的绝缘子或导体发生化学反应，并产生各种各样的气体产物。通过检测这些裂解产物，并与实验室的试验结果对比，即可作为判断 GIS 内部局放缺陷的依据。实际上，类似的化学检测方法一直被应用在变压器油成分检测中，并相应地做成了瓦斯保护，很好地应对了变压器内部的缺陷和故障。但 GIS 内部的化学检测方法直至 20 世纪 90 年代才开始有一些进展。研究主要集中在两方面，一个是 GIS 内部不同的缺陷类型在局部放电时所对应的化学反应原理、变化过程及相应的裂解产物。比如国内华北电力大学的李成榕教授开展的课题则是围绕这个方面。另一个是不同杂质、条件对于六氟化硫本身和这些裂解产物的影响。在这方面李成榕教授的团队也给出了加压时间与气体浓度的变化曲线。在国外研究比较突出的则有美国索尔斯（Isidor Sauers）团队和法国的德多利（A. Derdouri）团队。前者针对氧气对于六氟化硫气体在局放时的气体产物成分做出了研究，并给出了试验结论。后者则从水和固体杂质着手，同样给出了相应的气体产物成分结论。这些结论都对气相色谱分析法的形式做出了贡献，毕竟现场监测只有与实验室试验结果所得的结论进行对照才能准确判断。化学检测法的灵敏度并不高，一般应用在 GIS 内部缺陷十分明显的情况下。由于其是在众多检测方法中唯一从化学角度入手的，因而成为目前热点的跨学科研究领域。

4.1.2 温差环境的影响

以某变电站一次 GIS 设备为样品进行试验，该地区昼夜温差 15℃，温度变化产生的热胀冷缩问题对 GIS 母线罐体影响较大。220kV 管母线长度为 104m，管母材质为合金，共有 7 组波纹管（每条母线均有 7 副），共安装有 58 组支撑点（每条母线均有 58 个，其中单元支撑点有 22 个，独立支撑点 36 个）。由于该变电站地处山区，昼夜温差波动较大，GIS 设备热胀冷缩的效应十分明显，由于波纹管不能及时反映所有热胀冷缩情况，长期运行后，每日均有少量形变由底部支撑承受，中间段由于支撑较多，相应变形并不特别巨大，大量形变都积累至两侧支撑角钢处。在长时间的运行后，GIS 设备的边缘支撑角钢受到较多的机械应力，容易产生金属疲劳。从侧面看可见轻微倾斜情况，在接地处为垂直于地面时，GIS 底部支撑如图 4-1 所示。

图 4-1　GIS 底部支撑倾斜情况

为了定量统计温度变化和 GIS 母线筒移位的关系，变电站员工在观察点处装设了定位装置，并使用游标卡尺对其进行相对位移监测，将 231 波纹管（下）、231 开关波纹管、2291 刀闸波纹管、互 034 接地开关波纹管、2251 波纹管、2241 波纹管、2231 波纹管、2221 波纹管（上）、2221 波纹管（下）、3 号母线 1 气室压力表分别作为 1 到 10 号观察点。结合变电站的温度情况，挑选了有代表性的温度变化日期，波纹管位移情况如表 4-1 所示。

表 4-1　　　　　　　　　　　波纹管相对位移与温度关系图

时间	温度 （℃）	观察点波纹管相对位移（mm）									
		1	2	3	4	5	6	7	8	9	10
1 月 10 日	−10	12.5	42	40.4	41.6	30.2	40.7	40.6	42.6	12.6	22.5
2 月 12 日	−5	12.6	42.3	40.6	41.8	30.5	40.8	40.6	42.8	12.6	22.5
3 月 15 日	3	12.6	42.4	40.7	41.9	30.9	41	40.8	43.2	12.9	22.5
3 月 30 日	8	12.7	42.6	40.9	42.3	31.4	41.6	41.5	43.6	13.4	22.7
4 月 10 日	12	12.8	42.9	41.3	42.5	31.8	42	41.6	44	13.5	22.9
4 月 30 日	19	12.9	43.1	41.9	43	32	42.3	42	44.3	13.5	23
5 月 20 日	23	13.1	43.2	42.4	43.2	32.1	42.7	42.8	45	13.9	23.3
6 月 20 日	30	13.3	43.6	43	43.8	33	44.2	44	45.8	14	23.5

结合表 4-1 可得出，2～8 号观测点波纹管随温度变化的伸缩量十分明显，表明波纹管在吸收母线外力位移时起到了相应的补偿作用，而且位移量和温度的变化趋势基本一致；而 1 号和 9、10 号的波纹管随温度变化补偿量不明显，没有起到相应的补偿作用。

变电站 GIS 设备母线筒的支撑方式是上端通过螺栓与母线筒的法兰固定，下端通过可纵向调节的螺栓与地面固定，这种支撑方式的优点是可以通过其自身的形变，承受母线筒自身的重量，但是横向拉力和纵向拉力均无法释放，全部由固定螺丝传导至底部固定支撑角钢处，如图 4-2 所示。在这种支撑方式下，支撑和管母均为硬连接，母线筒本身在母线轴方向不能进行任何移动，所受的应力只能由其波纹管来补偿，若波纹管的补偿效果不能将全部应力吸收，多余的应力就会释放于母线支撑处，产生图 4-2 所示的现象。

图 4-2　管母支撑方式

根据上述分析，母线筒支架发生了一定的偏移，造成波纹管补偿量不足，为了验证上述结论，对 2 月 12 日和 3 月 15 日 GIS 母线支架的偏移情况进行了统计（见表 4-2）。

表 4-2　　　　　　　　变电站 GIS 母线支架的偏移情况

支架	偏移量（mm）	方向
221 支架	1	向西
222 支架	0.6	向西
223 支架	0.2	向西
225 支架	0.1	基本平衡
226 支架	0.1	基本平衡
231 支架	0.5	向东
232 支架	1.2	向东

根据表 4-2 数据，绘制出图 4-3 所示的曲线，验证了上述分析，母线支架的固定强度不够，造成了母线固定支架东西两端有一定程度的偏移，而且母线中间支架的受力较小，越靠近两端的支架所受的轴向应力越明显。这样会造成母线筒东西两端的波纹管起不到相应的补偿作用，而中间的波纹管的补偿效应更为明显。

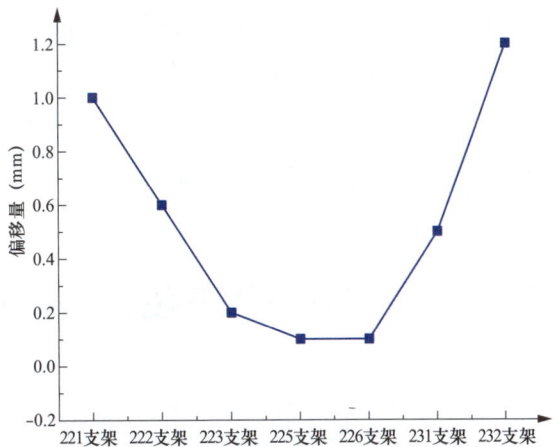

图 4-3　变电站 GIS 母线支架的偏移情况

由上述分析可知，变电站 GIS 支撑偏移的主要原因是由于支撑方式设计存在缺陷和母线筒两端固定强度不足，从偏移量来看，长期的位移若得不到缓解，对 GIS 母线罐体两端及转角焊缝是一种威胁，而且每天都要承受往复拉伸、收缩的变化，容易引起金属疲劳。如果 GIS 母线罐体两端及转角焊缝一旦开裂，则会造

成 SF_6 气体泄漏，绝缘强度降低，甚至导致母线罐体内导电体对外壳放电接地的严重后果。因此，为了消除这类隐患，提出以下措施：

（1）加强 GIS 设备的维护和管理工作。主要是通过建立健全 GIS 设备位移台账，统计和分析设备运行状况。加大巡视检查力度，如果发现固定点水平位移超过 5mm，支座开裂，支撑结构严重倾斜，支撑面脱空，地脚螺栓拔出、弯曲、断裂，基础混凝土起皮、开裂，或设备垂直位移量发生不均匀变化，应及时上报上级主管部门，采取相应措施进行处理。

（2）由于温差变化导致的伸缩应力是客观存在，不可消除的，在现有条件下，为了缓解 GIS 管母支撑所受到的机械应力，非两端的母线筒支撑不应采用螺栓硬连接，增加母线筒支撑倾斜、断裂的隐患。可以采用波纹管和滑动支撑相结合的办法，在底部增加支撑滑块，增大横向拉伸裕度。

（3）针对母线筒两端固定支架强度不足导致支架位移的情况，需要对母线筒两端的固定支架进行加固，保证设备固定支架应具有足够的强度和刚度，以限制温差变化情况下母线筒两端产生的位移。如出现位移和变形，应及时查找原因并进行纠正。在母线筒两端架设刚性支架，可以同原支架相配合，减少管母支撑角钢的受力情况，而且在温度变化时，母线筒的位移可以通过刚性支架之间的滑块和波纹管完全吸收。

（4）在以后的新建变电站中，若变电站环境温差较大，建议在室内安装 GIS 设备。减少温差变化对母线筒热胀冷缩的影响。

4.2 气温剧变环境对直流换流阀性能的影响

高压直流输电系统主要由换流站、逆变站、交直流线路、接地极线路、接地极构成，其中直流换流站作为高压直流输电系统中最主要的电力工程设施，其作用是用于交直流电压的转换，是直流输电系统中的最关键部分。而其中实现这一功能的主要设备为换流器。在换流器中，晶闸管可控硅阀是其最基本的组成单元，被视为直流输电工程的"心脏"。

换流阀的结构一般采用组件形式，每个晶闸管元件均与均压电阻、阻尼吸收电路和控制电路组成一个晶闸管级，以保证换流阀能安全可靠的运行。其中均压电阻能够保证各个晶闸管原件的电压在静态下能尽量保持一致；而阻尼吸收电路的作用是能够减小晶闸管管段的暂态过电压。换流阀由晶闸管互相串联，并与阳极饱和电抗器串联后，与一个电容并联组成，如图4-4所示。

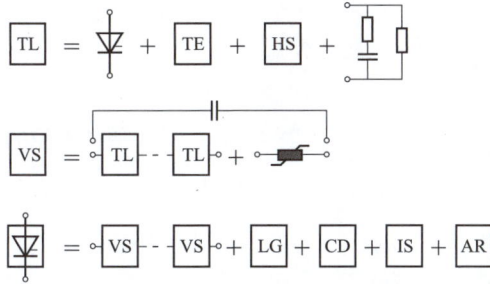

图4-4　换流阀组成图

TL—晶闸管级；TE—晶闸管电子电路；HS—散热器；VS—阀组件；
LG—触发装置；CD—阀冷却分配布置；IS—绝缘结构；AR—阀避雷器

4.2.1　换流阀冷却技术

换流阀能否正常运行，关系到整个高压直流换流输电系统运行的可靠性。换流阀主要由晶闸管元件构成，结构复杂，运行时晶闸管原件及阻尼电阻有一定的损耗，损耗产生的热量导致晶闸管元件的结温升高，会影响换流阀的正常运行，当超过晶闸管额定的结温时，甚至会损毁。因此，直流换流站换流阀必须配备冷却设施，将其运行温度控制在额定的范围内，以保证直流换流站的正常运行。

针对晶闸管换流阀的冷却处理方式，先后出现过自冷、风冷、液冷（包括水冷和油冷）、相变冷却。目前广泛使用的方式为风冷及相变冷却（蒸发冷却）。从最早的油冷却，到20世纪80年代的SF_6冷却，再到成熟的纯净水冷却，无不适应了单个晶闸管耗功不断增大，整个换流阀功耗分布更趋复杂的需要。自冷是早期阀冷却的方式之一，是通过空气自然对流及辐射作用将热量带走的散热方式，此方式由于电力系统容量增大，已淘汰。油冷的换热效率高于风冷，又不及水冷，介于两者之间，它通常被用于封闭循环系统中，这符合换流阀内冷却系统的要求；油冷同时可被用于浸入系统。但是油冷系统成本高、易燃、散热能力低（油的黏滞性大、流速低）。早期的风冷属于强制风冷，其外冷却系统为室外空气—水换热器，由换热蛇形管束及变频调速风机组成，利用变频调速风机强制空气冲刷蛇形换热管束，与其中的内冷却水换热，从而使内冷却水的温度降低。提高风冷（强制风冷）换热效率的方法主要有：

（1）增加散热器的散热面积，主要有增加散热器翅片数及加大散热器尺寸。

（2）增大换热系数，主要有增加风机功率，提高其转速，强行增大空气对流强度；或在流场送增加局部对流及紊流。

相变冷却是将冷却介质（如氟利昂）放进密闭容器中，通过介质的相变来进行冷却的技术。几种冷却技术的单位面积的最大功耗见表4-3。

从表4-3可以明显地看出蒸发冷却是一种很好的冷却技术，其利用冷媒的蒸发潜热迅速带走被冷却物体的热量，有

表4-3　　　　单位面积的功耗　　　（W/cm^2）

冷却技术	单位传热面积的最大功耗
空气自然对流和辐射	0.08
强迫空气冷却	1.6
液体冷却	16
蒸发冷却（相变冷却）	>500

效地将其表面温度降低，是目前冷却效率最高的一种冷却方式。其冷却效率比风冷、油冷等都高得多，并且在具有相同冷量时，蒸发冷却方式的装置体积、初投资均比风冷小得多，并且节能环保。目前，广泛采用空气绝缘水循环冷却方式，其特点为，水冷能耗效率相对较高，且占地较小。换流阀内水冷系统主要由主水回路及水化学处理回路构成，还包括了连接两条回路的冷却装置、主水管以及阀门、传感器等附件设备。其中回路主水管的材料是 ABS 工程塑料。

直流换流站的换流阀配备有一套水化学处理及冷却装置，内冷却水从换流阀阀厅底部进出。内冷却供水在直流换流站外水冷系统中被降温后，供入内冷却系统，为晶闸管、阻尼电阻及阻尼电抗器降温。内冷却水冷却循环系统中，水化学处理系统同时检测其流量、压力、供回水温度及水质，当出现故障是次检测系统会做出报警并停机。

4.2.2　内水冷系统

换流阀内水冷系统主要包括晶闸管阀、冷却水管、除气罐、加热器、换流阀阀塔及主循环泵，主循环泵一般设置两台，其中一台备用。内水冷系统是密闭的，主要回路分为主水回路和水处理回路；水处理回路又包括有膨胀箱、离子交

换器及补水泵。水回路中安装有电极，以防止回路中各金属元件被腐蚀。在主循环泵的驱动下，通过内冷却水进入主水回路循环带走晶闸管元件的热量，升温后的内冷却水大部分流出内循环主管道进入外冷却系统中，被冷却后再在循环水泵的驱动下重新进入内冷却水循环系统（见图 4-5）；而小部分内冷却水则进入膨胀箱，在水处理回路中循

图 4-5　内水冷系统

环，换流阀内水冷系统中的冷却水将在两个小时内流经被水处理回路。由于晶闸管的精密性，内冷却水必须采用去离子水，其电导率一般不大于 $0.5\mu S/cm$。

4.2.3　外水冷系统

我国广大北方寒冷地区，冬季室外气温通常很低，外水冷系统极易结冰，因此，寒冷地区直流换流站外冷却系统（见图 4-6）主要采用空气冷却方式。北方现已投入运行的直流换流站，如黑龙江黑河换流站、河南灵宝换流站与辽宁高岭换流站均采用了空气冷却方式。空气冷却器的设备为室外空气—水换热器，主要由换热蛇形管束以及变频调速风机组成，利用变频调速风机强制空气冲刷蛇形换热管束，与其中的内冷却水换热，从而使内冷却水的温度降低，降温后的内冷却水再被供入直流换流站内水冷系统，为换流阀降温。空气冷却器主要依据室外气温以及内冷却水温度的高低进行配型设计，并根据经济及节能方面的要求，选定需要投入运行的蛇形换热管束的个数、变频调速风机的功率大小，使直流换流站外空气冷却系统在保证内冷却水水温的同时能够高效运行。

当外水冷系统采用水冷却方式时，冷却水吸收换流阀热量后温度

图 4-6　直流换流站外冷却系统

升高，由循环水泵驱动进入室外蒸发式冷却塔，冷却塔配置有喷淋系统和变频调速风机，管束上方的喷淋系统将水喷洒在管束外表面形成水膜，由风机驱动的室外空气冲刷换热管束外的水膜发生蒸发冷却带走热量。换热盘管内的去离子水被冷却后，由循环水泵送入换流阀阀厅内，与晶闸管原件等进行换热升温后，再由循环水泵送入换热盘管中进行降温处理。

我国南方地区气候较为温暖，冬季室外温度一般较高，直流换流站外冷却系统通常采用水冷却方式。外水冷与外风冷冷却方式比较结果如表4-4所示。

表4-4 外水冷与外风冷方式比较结果

方案	外水冷方式	外风冷方式
冷却效率	高	低
占地面积	小	大
噪声	较低	较大
设备及维护量	需设置二次水系统，对水质要求高	系统元件少、结构简单、维护量小
工程实例	天生桥—广州 ±500kV 直流工程	银川东—山东 ±660kV 直流工程

4.2.4 阀水冷控制保护系统

阀水冷控制保护系统（cooling control protection，CCP）是基于 MACH2 系统的分布式控制系统，为双重化设计（有 A、B 两套设备，简称 CCPA 和 CCPB），用于对阀内水冷系统进行控制和保护，对外水冷系统进行监视。它配备了与极控制系统相连的接口，通过双重化的光通信桥（high level data link control，HDLC）与极控制保护系统（pole control protection，PCP）连接。极控制保护系统 PCP 实时监测两个 CCP 系统的状态，如果两个极控系统都检测到 CCPA、CCPB 均不在主用状态，则闭锁直流。

阀水冷控制保护系统 CCPA 和 CCPB 互为备用，控制逻辑和保护逻辑均在板卡中实现。在每套系统中配置两块板卡（CCP1 和 CCP2），CCP1 实现控制功能和主保护功能，CCP2 实现后备保护功能。

正常运行时，单套 CCP 系统能独立完成整个阀水冷系统的控制保护功能。主用系统发生异常时，备用系统能自动切换至主用状态。当主用系统发出跳闸信号时，为防止保护误动影响系统运行，在跳闸指令出口之前，主用系统将自动退出运行，备用系统切换到主用状态，若此时备用系统也检测到相应的跳闸信号，跳闸信号将会出口。

4.2.5 阀水冷系统温度保护及隐患分析

为防止流经换流阀的冷却介质温度过高影响阀组内元件的散热效果，设置了温度保护。温度保护逻辑有三种，分别为设置在 CCP1 中的阀进水温度保护，以及 CCP2 中冷却塔出水温度保护和阀出水温度保护，均属于直接检测。

（1）阀进水温度保护。测量阀进水温度的传感器有两个，两块传感器分别对应 A、B 系统，当主用系统传感器测量温度超过跳闸定值时，系统将自动切换；只有当两套系统的温度测量值均超过跳闸定值时，保护才出口跳闸。两个温度传感器分别取 A、B 两路电源，主要检测换流阀进水温度，防止进水温度过热。

1）当有备用冷却容量，进水温度超过 54.9℃时，延时 2s 报进水温度高告警；当无备用冷却容量，进水温度超过 59.6℃时，延时 2s 报进水温度高告警。

2）当有备用冷却容量，进水温度超过 57.4℃时，延时 1s 切换系统，延时 3s 出口跳闸，闭锁极；当无备用冷却容量，进水温度超过 62.1℃时，延时 1s 切换系统，延时 3s 出口跳闸，闭锁极。

3）当阀进水温度低于 10℃时，则延时 2s 报阀进水温度低告警。

4）当阀进水温度低于 -40℃或高于 90℃时，发传感器故障报警，该故障为 CCP 严重故障，切换系统。

（2）冷却塔出水温度保护。测量冷却塔出水温度的传感器有两个，两个传感器分别对应 A、B 两个系统，只有当两套系统的温度测量值均超过跳闸定值时，保护才出口跳闸。BT5 和 BT6 两个温度传感器分别取 A、B 两路电源，主要用于测量冷却塔出水温度，从而判断户外冷却塔的冷却容量是否正常。为保证传感器工作环境的稳定，该传感器安装于阀厅内的冷却塔回水管道上，工作工程中若出现故障，则必须停极处理。

1）有备用冷却容量，若冷却塔出水温度超过 57.5℃时，延时 1s 切换系统，延时 3s 跳闸，闭锁极。

2）无备用冷却容量时，若冷却塔出水温度超过 62.1℃时，延时 1s 切换系统，延时 3s 跳闸，闭锁极。

3）冷却塔出水温度低于 -40℃或高于 90℃时，发传感器故障报警，该故障为严重故障，切换系统。

（3）阀出水温度保护。测量阀出水温度的两个传感器为 BT1 和 BT2，两个传感器分别对应 A、B 两套系统，只有当两套系统的温度测量值均超过跳闸定值时，保护才出口跳闸。BT1 和 BT2 两个传感器分别取自 A、B 两路电源，主要用于测量换流阀出水温度，防止阀出水温度过热。

1）当有备用冷却容量，阀出水温度超过 63.8℃时，切换系统，延时 3s 发功率回降指令；

2）当无备用冷却容量，阀出水温度超过 68.5℃时，切换系统，延时 3s 发功率回降指令；

3）当阀出水温度和进水温度相差超过 20℃时，切换系统，延时 3s 发功率回降指令。

（4）单一温度传感器测量值异常隐患。

1）隐患分析。在阀水冷保护中，输入输出模块及 CCP 均为冗余配置，单一元件故障不会直接导致闭锁，但进行冷却塔控制时，由于仅采用主用系统的冷却塔出水温度值，根据该温度调整冷却塔风扇转速，特殊情况下可能导致水温升高，闭锁直流。

在 CCP 系统中，冷却塔和加热器的投退，分别受冷却塔出水温度和阀进水温度的控制。系统中定义传感器故障范围为低于 –40℃或高于 90℃，当任意一个主用系统的温度传感器工作异常，导致温度测量值偏低（比如实际温度应为 40℃，而测量值仅为 20℃，此时系统不会产生任何告警），就可能使 CCP 系统错误的判断当前所需的冷却能力，而误投入加热器或降低冷却塔转速，甚至错误地退出冷却塔，造成阀水冷系统温度快速升高。由于控制系统无相关预警信息，等到系统发出水温高报警时，再进行处理所剩时间已经不足。

2）优化建议：可增加模拟量 A、B 系统比对功能，两个系统差值超过定值时发出告警，提醒运行人员。

（5）阀进水温度保护定值隐患。

1）隐患分析：某些阀水冷系统进水温度保护中，当有备用冷却容量时的报警值与跳闸值仅相差 2.5℃，一旦出现告警可能由于处理时间不够导致更严重后果。

2）优化建议。可以适当降低阀进水温度保护报警定值，以便现场运维人员及早发现故障，有充裕的时间进行事故处理。

（6）冷却塔出水温度保护隐患。

1）隐患分析：换流站冷却塔出水温度传感器安装于阀厅内的回水管道上，而阀进水温度传感器安装于内水冷房内主泵的后管道上，两对传感器在安装距离上，仅相隔阀厅及内水冷房内的一段回水管道，由于室内温度较为稳定，对水温的变化影响不大，两套保护的保护定值也基本一致，如表4-5所示。

表4-5　　　　　　　　　换流站温度保护跳闸及功率回降定值

保护类型	阀进水温度保护 （℃）	冷却塔出水温度保护 （℃）	阀出水温度保护 （℃）
无备用冷却容量	62.1	62.1	68.5
有备用冷却容量	57.4	57.5	63.8

从保护定值的设置上可以看出，仅从温度采样的角度，两套温度保护传感器所测温度几乎一致，只是保护功能和保护目的有所不同，可近似认为是对内水冷系统同一点进行温度测量。

从保护设计目的看，由于在板卡CCP2中包含了阀出水温度保护，可以与板卡CCP1中的阀进水温度保护相互配合，冷却塔出水温度保护的目的是用来检测其出水温度，从而判断外冷设备的降温效果能否满足换流阀工作时散热的需求，如果冷却能力达不到系统要求，则出口闭锁直流。

由于外冷设备可看做是内冷设备的辅助系统，而内水冷系统又是阀的辅助系统。根据阀水冷系统的保护设计原则，外冷设备的故障不应该直接导致极闭锁，即使出现冷却塔全停的情况，内循环水温度也是有一个逐渐上升的过程，应该由内水冷的温度保护动作闭锁，而不是外冷设备全停的瞬间就出口闭锁，作为对冷却塔温度进行监视的保护，其跳闸功能设置值得商榷。

2009年8月16日，某换流站因极Ⅱ MCC柜电压切换单元工作异常导致极Ⅱ外水冷系统喷淋泵和冷却塔风扇电源丢失，双极直流系统额定负荷运行工况下，极Ⅱ内冷水温度上升很快，故障发生15s后，极Ⅱ控制保护主机发出"极Ⅱ阀进水温度高跳闸"，极Ⅱ直流系统闭锁。从此次事件也可以看出，在外冷设备全停导致水温快速升高的情况下，保护定值的设置上也是阀进水温度保护优先动作，而不是冷却塔出水温度保护。

阀进水温度保护两套系统同时故障导致拒动的可能性极低，设置冷却塔出水温度跳闸功能所能起到的保护作用有限，增加了保护复杂性。且由于其温度传感器安装位置在阀厅内，若出现故障必须停极进行检修，阀出水温度保护的设置不够合理，存在较大的安全隐患。

2）优化建议。建议将该保护的跳闸功能取消，同时将定值下调，改为报警，既可以更好地监视冷却塔的运行情况（喷淋泵和风扇电机配有保护，但冷却塔内管道堵塞也可能导致冷却能力下降），又避免出现单系统运行时传感器故障导致的误闭锁事故。同时新工程中可考虑在保证其运行环境的情况下，将该温度传感器安装位置移至阀厅外。此外，如果故障后不能立即停运处理，可以考虑修改软件，将该传感器的故障等级定义为小故障，避免对应 CCP 系统退出运行，提高控制系统的可靠性。

4.3　气温剧变环境对电流互感器性能的影响

4.3.1　电流互感器内部凝露现象研究

（1）视频探头的安装。为了进一步确认电流互感器内存在凝露现象，并且确定出在相同的环境温度下，由于温度场导致的微水容易凝结区域，通过在电流互感器内安装带有视频探头的装置，对重要区域可以通过 USB 接口输出图像进行观察。具体观察区域为：瓷套下端内表面、瓷套上端内表面、盆式绝缘子内表面、盆式绝缘子外表面和盆式绝缘子与壳体连接处。为保证探头的效果，考虑到电流互感器的密封性问题，安装视频探头存在两个要求：

1）视频探头的视角区域能代表欲观测区域的变化情况。由于视频探头的视角有限且其焦距有限，而欲观测区域，比如支撑绝缘子内外表面相对表面积较大，故在设计时考虑区域的对称性，能观察到部分区域即可，而且能观测区域能代表整个区域的变化。本装置设计了 6 个视频探头，部分区域是 2 个探头联合观测。在实际试验调试中，通过调整视频探头的安装角度等方式使得视频探头的成像区域能有效得代表欲观测区域，且在焦距范围内。

2）电流互感器的密封技术。在为电流互感器安装固定视频探头后，为确保其密封性，必须将视频探头的引线通过接线盘引出。由于安装多个视频探头，每个视频探头有 4 根引线，且必须排除各个视频探头引线间的干扰，故必须对每根引线进行屏蔽，保证图像信号的有效输出。

本装置采用的视频探头为 USB 内窥镜。其镜头直径为 10mm，便于打孔安装，境头长度为 6cm，属于高清 CMOS 摄像头，最佳焦距为 6 ～ 10cm。探头自带 4 个 LED 灯。本装置共设计了 6 个视频探头，并依次编号为 1 ～ 6 号。其中 1 号探头是观测瓷套下端内表面，2 号探头用于观测瓷套上端内表面，3 号和 4 号探头用于观测盆式绝缘子内表面，5 号探头用于观测盆式绝缘子外表面，6 号绝缘子用于观测上法兰与壳体连接部位。安装各个探头时，利用钻孔等不同的方法将探头固定在电流互感器内。反复试验中，均能保证视频探头能显示预期观测区域的图像。为确保密封性，须通过电流互感器内部接线盘将视频探头引线引出。

考虑到视频探头每根 USB 线有四根引线，分别是正负电源线和正负信号线，而接线盘接线柱有限，故将所有正负电源线共用，并对每个视频的正负信号线进行有效屏蔽。在接线过程中，将视频探头引线剪断，分别焊接在接线盘两端对应的接线柱上，保证接线往两侧接在同一根引线上口。安装各个摄像头后，经过抽真空后，给电流互感器内充入 0.5MPa 的 SF_6 气体，探头依然能正常工作，且装置气密性良好。视频探头的安装位置如图 4-7 所示，接线盘引线如图 4-8 所示。

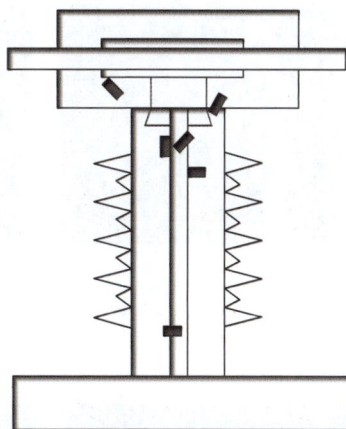

图 4-7　视频探头安装位置示意图

图 4-8　接线盘引线图

57

（2）电流互感器内部凝露现象的观察。为进一步验证 SF_6 电流互感器带负荷运行急剧降温时是否存在凝露，在电流互感器内安装好本装置后，进行降温实验。实验过程中，先保持电流互感器带 800A 大电流持续运行 10h 后直至微水稳定，然后通过每个探头拍摄一组降温前的照片，而后设定环境温度由 20℃急剧降温至 –10℃，稳定后拍摄第二组照片。急剧降温前试验结果如图 4-9 所示。急剧降温后试验结果如图 4-10 所示。

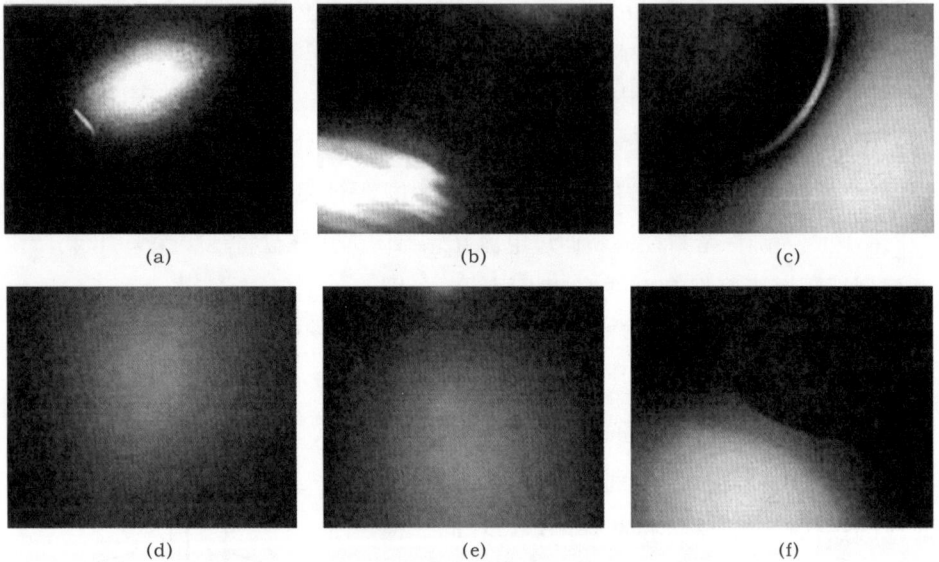

图 4-9　降温前（20℃）拍摄结果

（a）1号探头；（b）2号探头；（c）3号探头；（d）4号探头；（e）5号探头；（f）6号探头

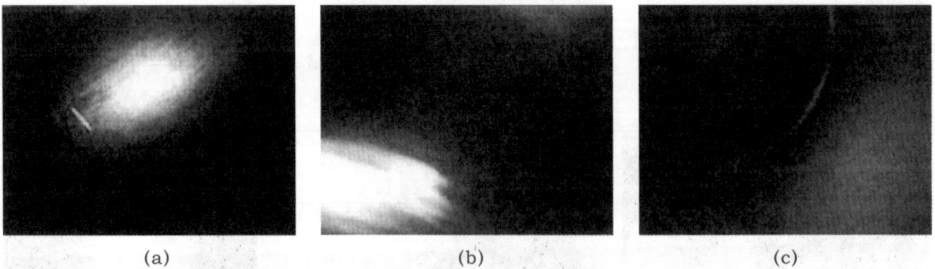

图 4-10　降温后（–10℃）拍摄结果（一）

（a）1号探头；（b）2号探头；（c）3号探头

58

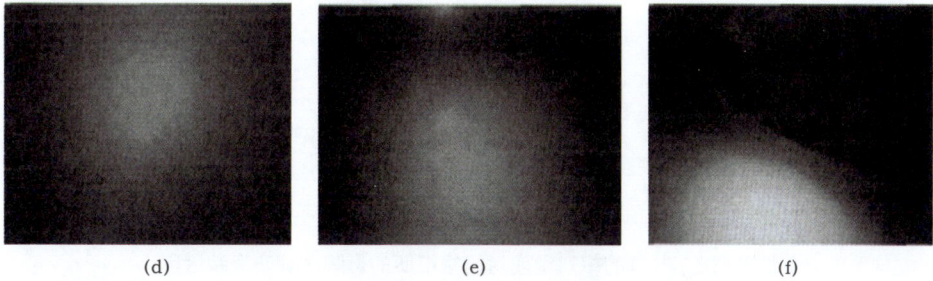

图 4-10　降温后（-10℃）拍摄结果（二）
（d）4 号探头；（e）5 号探头；（f）6 号探头

由于技术有限，视频探头观测不出细微的水膜，但通过对比降温前后 1 号探头拍摄的效果（见图 4-11，1 号视频探头对应的是瓷套下端内表面）可看出，降温后，瓷套内表面的反光性更好，且一致性较好。分析认为由于瓷套内表面因微水凝结成冰，一层很细微的冰层，从而使得其反光性更好。

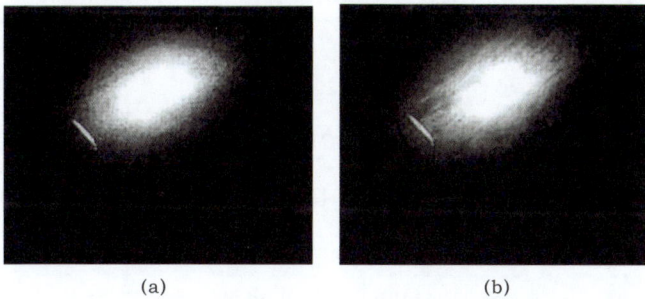

图 4-11　急剧降温前后 1 号探头试验结果对比图
（a）1 号探头急剧降温前；（b）1 号探头急剧降温后

4.3.2　气体的相对湿度对闪络电压的影响

由于相对湿度增大，电流互感器内会产生凝露现象。当环境温度低于 0℃时，微水会凝结成固体覆盖在材料表面，国内外已有研究表明，此种情况下不会影响瓷套表面的闪络电压。当温度回升时，凝结的微水开始融化，此时相对湿度急剧增大，微水凝结吸附在瓷套表面，很可能会导致闪络电压的下降。为此，研究气体的相对湿度对瓷套表面闪络电压和硅橡胶表面闪络电压的影响。

（1）气体的相对湿度对瓷套闪络电压的影响。气体的相对湿度对瓷套闪络电压的影响试验研究装置如图 4-12 所示。

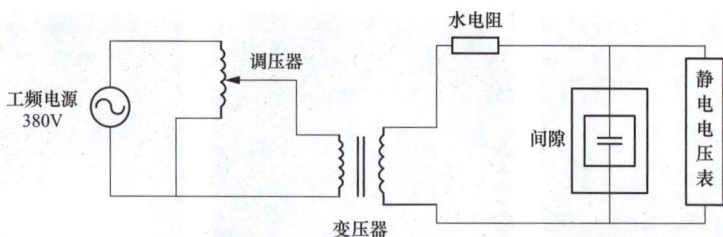

图4-12　气体的相对湿度对闪络电压的影响试验研究装置图

图4-12中，将铜片电极紧贴在瓷片表面，形成较小间隙沿面。然后将瓷片密封在有机玻璃罐内。有机玻璃罐体可以充入气体。实验前，在罐体内注入微水含量较高的SF_6气体至0.5MPa，然后改变环境温度，设置环境温度由30℃急剧降温至0℃，降温过程中，多次测量闪络电压并记录实验数据。所得结果如表4-6所示。对应的闪络电压随相对湿度变化曲线如图4-13所示。

表4-6　　　　　　　　急剧降温过程中相对湿度与闪络电压变化情况

项目	降温前（20℃）	急剧降温中（30～0℃）						
SF_6露点温度（℃）	-9.1	-12.6	-21	-21.5	-22.0	-21.6	-22.3	-22.4
SF_6微水含量（$\times 10^{-6}$）	2777	2030	942	880	876	859	822	822
相对湿度	7.4%	5.1%	3.0%	4.7%	8.2%	10.8%	11.5%	11.5%
气体温度（℃）	30.8	29.1	24.5	19.3	7.3	3.5	2.0	2.0
闪络电压（kV）	30.5	31.5	38	39	29	27.5	23.5	24.5

从图4-13中可以看出环境温度在降至0℃，微水开始增大，相对湿度也开始增大，闪络电压开始减小。在降温开始时，闪络电压由于放电具有一定的随机性，导致沿面闪络电压波动，相对湿度在超过60%后，闪络电压开始下降。这是由于环境温度在0℃附近时，由于气体相对湿度较

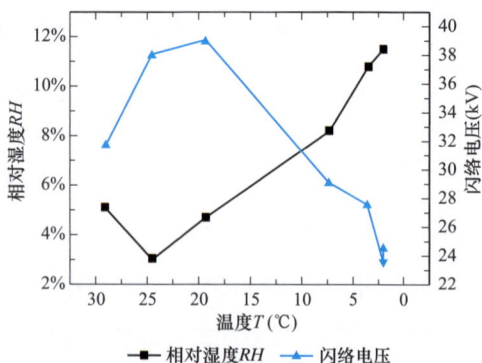

图4-13　瓷套闪络电压与相对湿度变化曲线图

60

高，水分在瓷表面凝结，在局部地区会形成连续水膜，从而导致沿面闪络电压急剧下降。上述实验是在瓷表面洁净条件下进行的，若瓷表面存在污秽，在相对湿度较大的情况下，由于污闪造成的闪络电压将更低，危害将更大。

（2）气体的相对湿度对硅橡胶表面闪络电压的影响。由于瓷是亲水性材料，微水容易在瓷表面形成连续水膜，而硅橡胶（RTV）却是憎水性材料，能有效阻止微水在凝露条件下在其表面形成连续水膜，故不会过分影响其沿面闪络电压。本节在上节实验的基础上，对比研究硅橡胶表面的沿面闪络电压与相对湿度的关系。在上节实验装置中，将铜片电极紧贴在硅橡胶材料表面，重复上述实验过程。可得到如表 4-7 结果。对应的闪络电压随相对湿度变化曲线如图 4-14 所示。

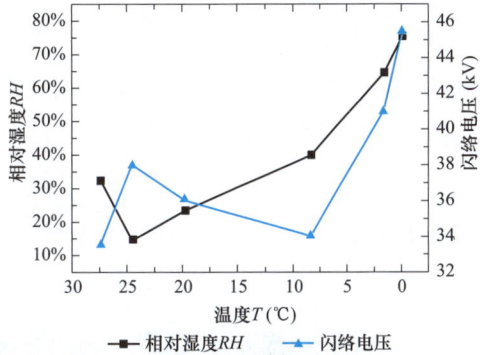

图 4-14　表面硅橡胶闪络电压与相对湿度变化曲线图

表 4-7　　　　　急剧降温过程中相对湿度与闪络电压变化情况表

项目	降温前（20℃）	急剧降温中（30～0℃）					
SF_6 露点温度（℃）	−4.7	−8.4	−21.2	−21.5	−21.5	−21.4	−20.6
SF_6 微水含量（$\times 10^{-6}$）	4069	2936	934	880	880	886	906
相对湿度	49%	32.5%	14.5%	23.5%	40%	64.5%	75.5%
气体温度（℃）	29.8	27.4	24.5	19.7	8.3	1.6	−0.1
闪络电压（kV）	33.5	36.5	38	36	34	41	45.5

从图 4-14 中可以看出，当环境温度急剧下降时，硅橡胶的闪络电压在降温开始时基本保持不变，当环境温度下降至 0℃后，硅橡胶的沿面闪络电压有增大的趋势。由于环境温度下降，微水的相对湿度先下降后逐渐升高。在升高达到一定程度后，闪络电压开始有增大趋势。

4.3.3　沿面放电对瓷套性能的影响

前文已论述电流互感器内存在凝霜和凝露的可能性，可导致瓷套的闪络电压急剧下降，从而产生放电事故。本节就瓷套发生沿面放电时是否导致瓷套发生破裂进行论述。

由于瓷属于脆性材料，当电流互感器由于凝露发生沿面闪络时，形成的短路电流高达数千安甚至数十千安，巨大的短路电路形成的电弧通道温度极高，可到达数千甚至上万度，且由于电力系统继电保护动作需要一定时间，在故障被切除前，电弧需要持续相当长的时间。高温电弧对其附近的电瓷材料瞬间加热，造成其内部应力集中而可能破裂。为了模拟此现象，分别使用两种瓷套，两种电源进行了实验，在瓷套内部贴上金属电极，采用工频电源和冲击电流发生器形成电弧，观察瓷套的损伤情况。实验装置如图 4-15 所示。

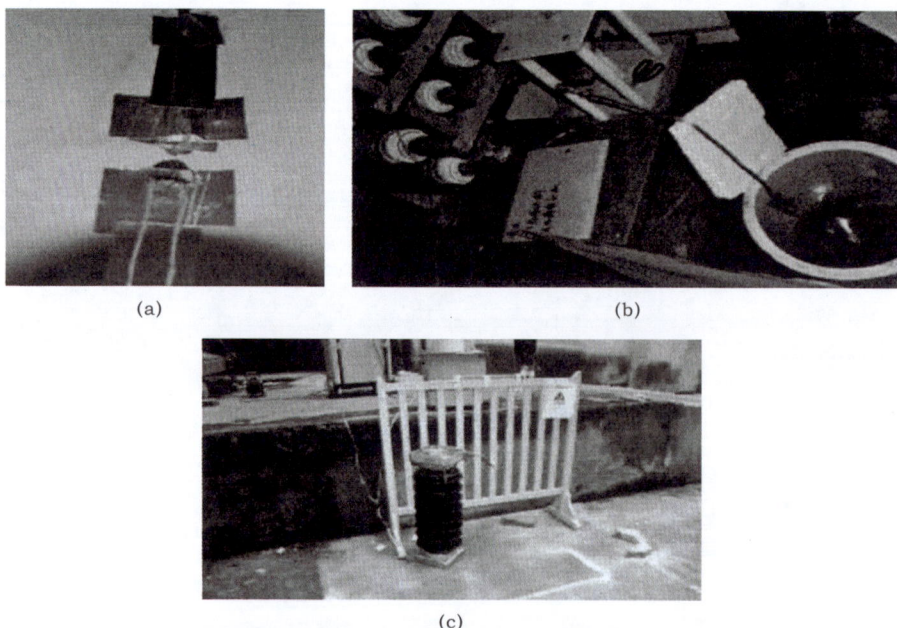

图 4-15　沿面放电对瓷套性能的影响研究实验装置图
（a）瓷套内表面设置的沿面间隙；（b）采用冲击电流发生器在瓷套表面产生沿面放电的装置；（c）采用工频电源在 MOA 瓷套内表面产生沿面放电的装置

由于实验条件有限，不能获得电力系统短路时巨大的电流和相对较长的持续时间，实验中未能观察到 2 种瓷套在冲击电流和工频电流下爆裂的现象。但是可观察到由于电弧烧灼引起瓷套表面局部温度上升的现象。然而在上节实验装置的基础上，经过反复实验，发现当所加电压达到一定程度时，瓷片沿面放电会迅速演变成电弧放电，致使瓷片表面出现损坏。图 4-16 即为实验过程中瓷片表面发生损坏的情况。从图 4-16 中可看出，瓷片表面形成一个"坑"，这是因为瓷片仅在两电极间瞬间受热。此模拟实验闪络电压仅为 35kV 左右，放电时能量较小。而在实际电网运行中，若电流互感器内部瓷套上存在沿面闪络，由于电网的电压等级很高，短路时电流也很大，闪络瞬间产生的能量是巨大的，若沿面距离较小，能量比较集中在瓷套某点，完全有可能将瓷套击爆。

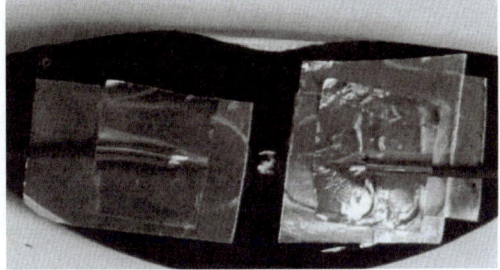

图 4-16　瓷片因沿面放电的损坏图

（1）在急剧降温过程中，在温度低的区域微水增大，相对湿度也增大，当增大到 70% 左右，因环境温度在零度以下，部分微水开始凝结成细微的冰层，覆盖在材料表面。同时也可以判断出，电流互感器内温度越低的区域越容易凝霜。

（2）采用硅橡胶材料可以有效避免沿面闪络电压的下降。因而在电流互感器内，甚至所有 SF_6 电气设备中，在材料内表面涂硅橡胶可以减小凝露时闪络电压急剧下降导致的电力事故。特别的，在 SF_6 电流互感器内，由于带大电流负荷，内部存在温度场，凝露的可能性很大，因而在材料内壁涂硅橡胶等防水材料是降低电力事故行之有效的方法。

（3）电压达到一定程度时，瓷片沿面放电会迅速演变成电弧放电，致使瓷片表面出现损坏。

4.4　气温剧变环境对变压器油纸绝缘性能的影响

变压器内绝缘从结构上分为主绝缘和纵绝缘。主绝缘是一种"油—屏障"的结构，由作为覆盖层缠在导线上的绝缘纸带、油道、放在导体和接地体间油道中的绝缘纸板构成。纵绝缘指同一绕组的不同匝间、层间、段间、引线间、分接开关各部分的绝缘，主要绝缘材料是包在导线上的纸带，匝间、段间的垫片和油道等。可见变压器中主要的绝缘材料是油和纸。根据变压器的运行环境及诱发纸绝缘材料性质变化的因素，引起变压器油纸绝缘老化的主要因素有温度、水分、电场、氧气、酸、机械力等。其中水分是引起变压器油纸绝缘老化的因素。绝缘纸纤维有较强的亲水能力，在变压器运行中，纸纤维吸纳来自各个部位的水分，并参与油纸绝缘老化降解，对油纸绝缘老化起正反馈的作用，给变压器寿命带来严重威胁。前文已叙述，当气温剧变时，将引起电气设备内部的凝露现象产生，为此，研究水分对变压器油纸绝缘性能的影响。

4.4.1 试验设计

变压器油纸复合绝缘中，油可以根据需要更换，而固体绝缘纸却难以进行，因此，绝缘纸的老化程度及其剩余寿命，很大程度上决定了变压器内绝缘的寿命。在实验室条件下，可以通过实验平台开展不同水分含量下的老化试验，揭示水分对老化的物理、化学进程的影响，分析各老化特征产物的变化趋势生成速率，完善老化寿命模型，有重要理论和实际意义。

（1）试验材料。

1）绝缘油。目前国产的绝缘油大致有 10 号、25 号、45 号三种牌号。试验选用的是 25 号克拉玛依变压器油，它可以适用于 330kV 及以下的变压器、电抗器等电气设备，符合本实验要求。表 4-8 为试验用的 25 号克拉玛依变压器油的各种参数。

表 4-8　　　　　　　　25 号克拉玛依变压器油的各种参数

项目	数据	试验方法	实测值
牌号	25	/	/
外观	透明	目测	透明
密度（20℃，kg/cm³）	≤ 895	GB/T 1884	883.5
运动黏度（40℃，mm²/s）	≤ 13	GB/T 265	9.96
闪点（开口，℃）	≥ 140	GB/T 261	141
倾点（℃）	≤ −22	GB/T 3535	−42
击穿电压（间距 2.5mm，kV）	≥ 35	GB/T 507	50

2）绝缘纸。实验选用国内大型变压器常用的普通牛皮绝缘纸，厚度为 0.07mm，其部分特性如表 4-9 所示。

表 4-9   绝缘纸的部分性能

项目	数据
纤维含量	100% 未漂白的牛皮纸浆
灰分（最大）	0.75%
水样 pH 值	6.0 ～ 7.5
水分含量	平均 7.0%
氯化物含量	（8 ～ 16）× 10^{-6}
水样电导率（μΩ/cm）	平均 7.5

注 表 4-8 和表 4-9 中的数据为典型数值，并不能作为实验的性能指标。

3）铜棒。实验选用直径为 5mm 的具有良好的导电性、导热性、耐腐蚀性的普通黄铜棒。

4）酪素胶。酪素胶是某公司自行研发的一种高分子胶黏剂，固化速度快，粘接力强，具有良好的抗水性。酪素胶自身中的导电杂质很少，在高温、通电情况下不会影响粘接对象的热、电性能。

5）铜片。铜片为 5cm×1cm 的普通铜片。在实际绝缘系统中存在铜离子，在绝缘油中加入铜片使得绝缘油具有铜离子，与实际变压器的环境更加接近。

6）碘量瓶。实验用的是 250ml 碘量瓶。碘量瓶为锥形瓶，在锥形瓶口上使用磨口塞子，并且加一水封槽，使碘量瓶具有良好的密封性。

7）铜线。铜线为普通铜线，起到固定样品的作用。

（2）试验样品。试验样品是模拟变压器内部油纸绝缘系统，将厚 0.07mm 的变压器用绝缘纸剪成长 95cm 宽 8cm 的纸带（每条质量约为 5g），卷在直径为 5mm、长度为 8cm 的铜棒上，样品两段涂上酪素胶密封（防止水分从两端侵入样品，使得水分只能从样品侧面侵入），再用铜丝固定。

变压器绝缘系统中油纸比例为 1∶10 ～ 1∶20，纸样品重约 5g，在每个碘量瓶中放入两个卷好纸样，一个用来测试聚合度，另一个用来测试水分、酸值介电等参量。老化过程中油纸绝缘系统会产生 CO、CH_4 等气体，再考虑到密封碘量瓶的饱和蒸汽压，在碘量瓶上方预留一定的空间来避免碘量瓶在老化过程中发生爆炸。通过以上因素的综合考虑及计算，确定每个碘量瓶中盛放的绝缘油体积为225mL。图4-17为干燥浸油后即将放入老化箱时的样品。

（3）实验水分含量的选择和实现。国内外在研究绝缘纸老化实验中，水分初始含量不高于9%的都有。综合试验所用材料、变压器实际情况及实验室条件，本书所涉及的试验把绝缘纸的初始水分含量确定为1%、3%、5%三个梯度，通过对比不同水分含量绝缘纸在不同温度下的老化程度，深入分析温度、水分对油纸绝缘老化速率的影响。

图4-17 干燥浸油后样品

1）纸样品初始水分含量。为了得到初始水分含量为1%、3%、5%三个梯度的绝缘纸样品，且保证干燥后卷起样品各层水分差异不大，对纸样进行了如下处理。

a. 裁剪。将厚0.07mm的变压器用绝缘纸剪成95cm、宽8cm的纸带，每条质量约为5g。

b. 摊开晾晒。为了消除绝缘纸放置过程内外层水分差异，将剪好绝缘纸带样品晾置于温度为25℃、湿度为50%的湿度箱中一个月。最后随即取样测试纸样中的水分含量，如表4-10所示。

从表4-10中的绝缘纸水分含量，我们可以看出，剪好的绝缘纸样品在均匀摊开晾置一个月后，纸样中的水分含量差异已经很小。考虑到环境、仪器、测量等因数的误差，可认为纸样中水分含量已达到一致，约为8.5%。

c. 卷样。将晾置好的纸带在环境可控实验室（温度为28℃湿度为35%）以铜棒（直径3mm、长

表4-10 摊开晾置后的绝缘纸样中水分含量

纸样序号	水分含量
1	8.4828%
2	7.6176%
3	8.4977%
4	8.4369%
5	8.7732%
6	8.3782%
7	8.6506%

8cm）为芯卷成卷状（卷的过程中戴上手套），并用细铜丝捆绑固定。然后将这些绝缘纸卷分为三组，以备后续得到三组不同水分含量样品。

d. 在不同温度下干燥不同时间得到三组不同水分含量样品。经过大量试探性干燥实验，改变真空干燥箱的温度以及干燥时间，最终摸索出了三种合适的处理方式以达到所需的纸样初始水分含量：第一组绝缘纸卷在 90℃/50Pa 下真空干燥 24h，然后在 40℃/50Pa 下真空浸油 24h，得到初始含水量约为 1% 的油浸绝缘纸；第二组绝缘纸卷在 30℃/50Pa 下真空干燥 16h，然后 40℃/50Pa 下真空浸油 24h，得到初始含水量约为 3% 的油浸绝缘纸；第三组绝缘纸卷在温度为 40℃湿度为 30% 的湿度箱内摊开放置 24h，然后 40℃/50Pa 下真空浸油 24h，得到初始含水量为约 5% 的油浸绝缘纸。

通过以上处理得到的各组绝缘纸卷具体信息如表 4-11 所示。

2）油样品初始水分含量。为了了解绝缘油中水分是否会对放入油中的绝缘纸的水分初始值有明显的影响以及是否需要蒸馏处理，对绝缘油中的水分进行了测量，测试结果显示 25 号绝缘油

表 4-11　控制初始水分后绝缘纸的具体信息

编号	平均水分含量	聚合度
第一组	1.0396%	1166
第二组	2.9533%	1168
第三组	5.0308%	1187

的初始含水量约为 10×10^{-6}，且各个部分水分含量均匀。可见，绝缘油中的水分初始含量值很小，不会对绝缘纸的初始值有较大影响，不需要进行蒸馏处理。

（4）特征量参数及测量方法。在老化过程中，每隔一段时间取出一批试品，分别对以下油纸绝缘特征参数进行测量：

1）绝缘纸的聚合度测量。采用黏度法，参照 ASTM D4243 及 ASTM D445 执行：

a. 设备、试剂、样品制备参照 ASTM D4243 执行；

b. 称取适量绝缘纸试品并烘干后撕碎；

c. 将绝缘纸溶解在铜乙二胺溶液中；

d. 在规定浓度下，于（25±1）℃下测定水和纤维素通过一毛细管黏度计的流出时间，计算出纤维素溶液的相对黏度（η 相对）；

e. 根据待测溶液的已知浓度和相对粘度求出特性黏度 η 值；

f. 最后根据纤维素聚合度与黏度特性的关系式求得聚合度。

2）油中糠醛含量测量。参照 IEC 61198 执行，采用高速液相色谱仪测量糠醛浓度，主要测量步骤有：

a.配置一系列确定浓度的糠醛标准溶液，利用高效液相色谱法获得糠醛浓度与色谱峰或色谱峰面积的线性关系，得到标准曲线；

b.采用甲醇作为萃取剂萃取出油中糠醛；

c.采用高效液相色谱仪对萃取后的试样进行分析，最后通过对标准曲线以及萃取操作中的相应关系，计算得到试样中的糠醛浓度。

3）纸中水分含量测量。利用卡尔菲休库仑滴定仪与干燥炉联用来测量绝缘纸中水分含量，如图 4-18 所示。基本原理是：通过干燥炉的载样舟加入纸样品，干燥炉温度设定为 40℃，纸样中的水分蒸发出并通过惰性载气进入滴定池。卡氏库仑滴定基于卡标准反应，即

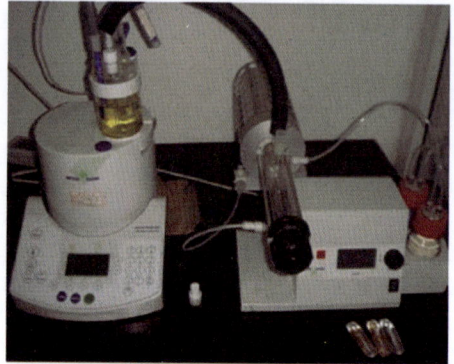

图 4-18　卡尔菲休库仑滴定仪和干燥炉

$$ROH+SO_2+RN \rightarrow (RNH) \cdot SO_3R \qquad (4-1)$$

$$(RNH) \cdot SO_3R+2RN+I_2+H_2O \rightarrow (RNH) \cdot SO_4R+2(RNH)I \qquad (4-2)$$

阳极液：SO_2、咪唑（RN）、I^-、甲醇或乙醇（溶剂）；阴极液是一种由专业厂家生产的与阳极液配套使用的专用试剂，主要成分与阳极液类似。

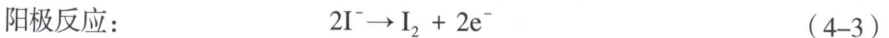

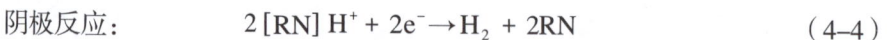

阳极反应：$\qquad\qquad 2I^- \rightarrow I_2 + 2e^-$ $\qquad\qquad\qquad (4-3)$

阴极反应：$\qquad\qquad 2[RN]H^+ + 2e^- \rightarrow H_2 + 2RN$ $\qquad\qquad (4-4)$

1 库仑（C）是 1s 内 1A 电流传输的电荷数量，若需要一个电子产生 1mol 某一化学物质，需要 96485C。在卡尔菲体反应中，共有两个电子的两个碘离子转化为单质碘，它随之与水反应。因此，消耗 1mol 水需要 2 倍的 96485C，即 1mg 水对应 10.72C 电量。换句话说，产生的碘的量及与之反应的水的量可通过测量电流和时间计算出来。水分干燥时间以漂移值突然下降（表示纸中水分已经被充分蒸发到滴定仪）的时刻为准，每次测量的曲线形状和变化趋势基本一致，只是具体的干燥时间不同，水分含量越多，则干燥时间越久。

4）油中水分含量测量。同样利用卡尔菲休库仑滴定仪测定，原理也是基于卡式库仑滴定。只是阴极液和阳极液为适用于醛酮的 KFR-04 无吡啶库仑电量法卡尔费休试剂。

5）油酸值测量。矿物油的酸值采用 BTB 法：新油或使用过的油中，酸性组分包括有机酸、无机酸、脂类、酚类化合物、内酯、树脂和重金属盐类、胺类、其他弱碱的盐类、多元酸的酸式盐等。中和 1g 油中酸性组分所需的氢氧化钾的质量称为酸值。

变压器油酸值的测量原理是以溴百里香草酚兰（BTB）为指示滴定终点，用KOH 乙醇溶液中和滴定变压器油，油的颜色由黄色变成蓝绿色为止，在每次滴定时，从停止回流到滴定完毕所用的时间不超过 3min。油酸值的计算式为

$$X = (V_1 - V_0) \times 56.1 \times C/m \qquad (4-5)$$

式中：X 为试油的酸值，mgKOH/g；V_1 为滴定试油所消耗的 KOH 乙醇溶液的体积，mL；V_0 为滴定空白所消耗的 KOH 乙醇溶液的体积，mL；C 为 KOH 乙醇溶液的浓度，mol/L；56.1 为 KOH 的分子量；m 为试油的质量，g。

6）介电参数测量。采用宽带介电谱测试系统进行测量，整个系统包括介电分析仪、温度控制系统、样品架、控制软件等几部分。测试系统包括低频模块和高频模块两大部分，油纸绝缘试品的测量采用低频模块介电分析系统，测试频率范围为 $10^{-3} \sim 10^6$Hz，选择直径 30mm 的镀金电极。

其中，聚合度每次测量 2 个卷样，取平均值；纸中水分含量每次测量两个卷样，每个卷样分别测量四层（最外圈、第三圈、中间圈、最内圈），取平均值；油中水分含量每个试品测试 3 次，取平均值；油中糠醛含量每个试品测试 3 次，取平均值；油中酸值含量每个试品测试 3 次，取平均值；介电参数相同条件下的样品做两次检验重复性。精度及重复性严格按照上述标准，若几次平行测试的分散性较大，则对该项数据进行重新测量。

7）实验方案和流程。综上所述，实验人员初始水分含量分别为 1%、3%、5% 的绝缘纸试样在变压器油中在 90℃、110℃和 130℃下的老化试验。测量老化过程中绝缘纸聚合度、纸中水分含量、绝缘纸介电特性、油中水分含量、油中糠醛含量、油酸值等的变化。

从多角度深入分析温度、水分对老化速率的影响。具体试验流程如图 4-19所示，真空干燥浸油是采用实验人员自行设计的真空浸渍设备（见图 4-20）完

成的。首先将绝缘纸样品放置于真空腔 A 中以 50Pa 的真空度真空干燥不同时间得到所需初始含水量的绝缘纸样品；再将脱气后的绝缘油由注油口 D 注入油腔 B 中加热至 40℃；此时 A–B 连通导管打开，热油将在 A、B 腔的压差作用下喷涌至腔 A 内，绝缘纸样在 50Pa/40℃ 下被油浸渍 24h。A、B 腔内的真空度和温度靠加热电阻丝 F 和真空腔通过自动控制系统维持在所需的状态。真空浸渍完毕后，取出油浸纸样迅速放入 250mL 碘量瓶中，并加入初始含水量为 16×10^{-6} 的新变压器油 225mL，每个碘量瓶中放入两个绝缘纸样品，并加入适量铜片以模拟实际变压器中存在金属离子的情况。装好纸样和油后，为消除氧气对试验结果的影响，需采用真空手套箱除去碘量瓶顶部的空气：首先将碘量瓶敞口放在真空手套箱，启动真空泵直至箱内压强达到 −0.1MPa，此时注入湿度小于 5μL/L 的干燥氮气，直至箱内压强恢复至大气压，重复该步骤三次，以确保箱内充满干燥的氮气。之后，在氮气环境下将碘量瓶加盖密封。最后，将处理好的试品分别放入三个老化箱中进行老化试验，试验温度分别为 130℃、110℃、90℃。然后，定期测量不同初始水分含量不同温度下绝缘纸聚合度、油中糠醛含量等参数。

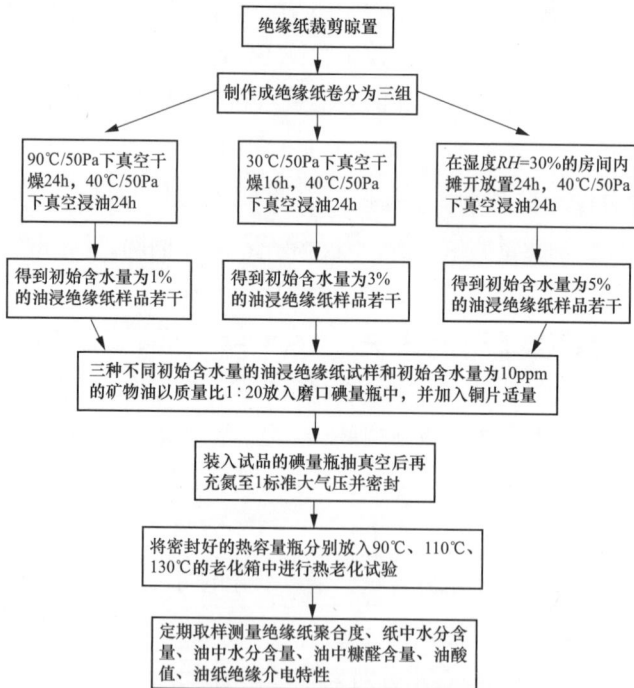

图 4-19　老化实验流程图

70

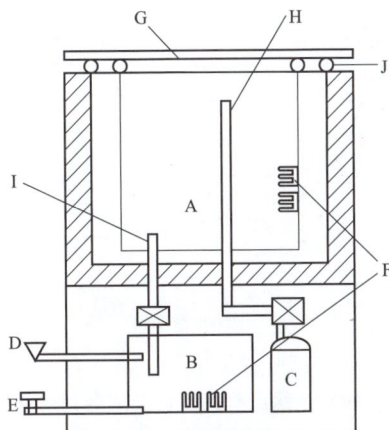

图 4-20　真空浸渍设备

A—真空腔；B—油腔；C—真空腔；D—注油口；E—放油口；
F—加热电阻丝；G—密封箱；H—真空腔 A 和真空腔 C 之间的连通导管；
I—真空腔 A 和油腔 B 之间的连通导管；J—密封圈

4.4.2　水分对油纸绝缘老化速率及特征产物生成的影响

（1）绝缘纸聚合度下降分析。相同温度下，初始水分含量分别为 1%、3%、5% 的绝缘纸试品在矿物油中在老化过程中，聚合度（degree of polymerization，DP）随时间的变化关系如图 4-21 所示。

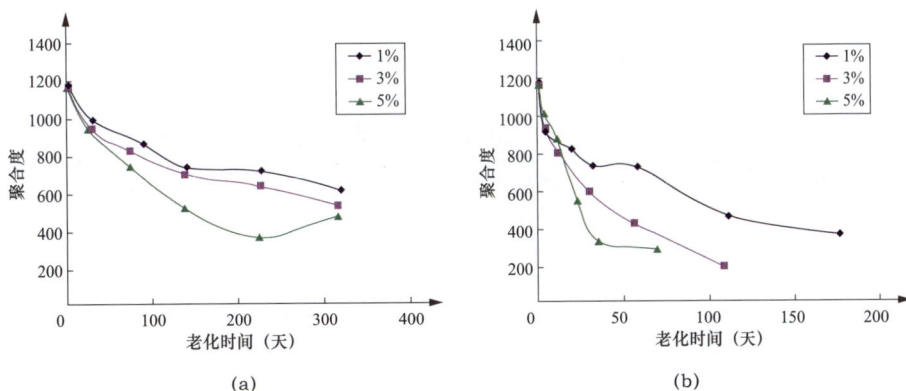

(a)

(b)

图 4-21　不同水分含量绝缘纸样品聚合度随老化时间的变化曲线（一）

（a）90℃；（b）110℃

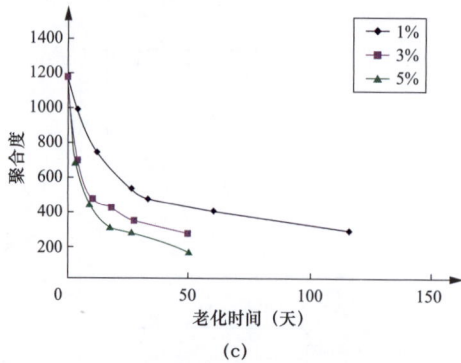

图 4-21 不同水分含量绝缘纸样品聚合度随老化时间的变化曲线（二）

（c）130℃

从图 4-21 中可以看出，试品初始水分含量越高，油纸绝缘老化越迅速，聚合度下降越快。利用式（4-6）计算出相同温度下不同初始含水量油纸绝缘试品平均降解速率 k 值，并作对比分析列于表 4-12 中，其中 $k1\%$，$k3\%$ 和 $k5\%$ 分别代表初始含水量为 1%，3% 和 5% 的油纸绝缘试品平均降解速率。由表 4-12 可以看出，水分对老化速率的影响还与温度密切相关，水分应力增加相同幅度时，平均降解速率提高的倍数会随着温度的增加而增加。即水分因子对油纸绝缘老化速率的影响会随着温度的升高而增加。

$$\frac{1}{DP_t} - \frac{1}{DP_0} = kt \qquad (4-6)$$

式中：DP_t 和 DP_0 分别为绝缘纸 t 时刻聚合度和初始聚合度。

表 4-12   不同水分含量油纸绝缘试品平均降解速率常数 k 值对比

温度（℃）	$k3\%/k1\%$	$k5\%/k1\%$
90	2.59	2.92
110	3.33	3.86
130	3.51	4.76

（2）油中糠醛生成分析。相同温度下，初始水分含量分别为 1%、3%、5% 的油纸绝缘试品在矿物油中在老化过程中，油中糠醛浓度随时间的变化关系如图 4-22 所示。

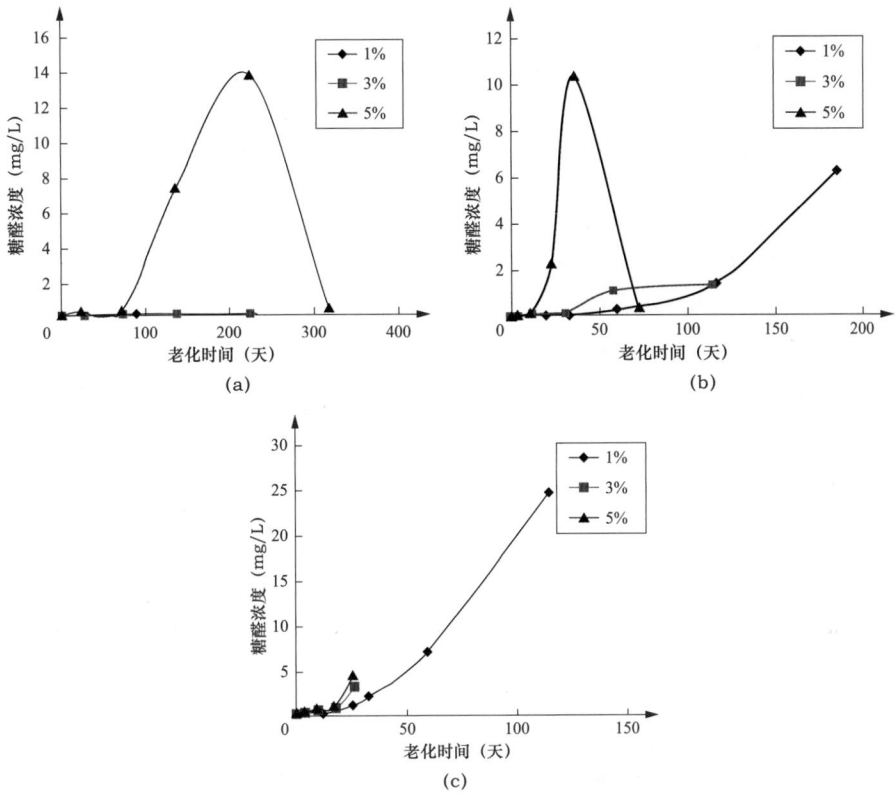

图 4-22　不同含水量油纸绝缘试品老化时油中糠醛含量随老化时间的变化曲线

（a）90℃；（b）110℃；（c）130℃

从图 4-22 中可以看出，相同温度老化时，样品初始含水量越高，糠醛生成速率越快，油中糠醛含量越高（除了在 90℃和 110℃下老化时含水量 5% 的油纸绝缘样品中，糠醛在老化后期出现了糠醛含量迅速下降的过程）。这与聚合度下降相对应。但油中糠醛含量随老化时间的变化并不是与聚合度的下降规律完全对应。

国内外的研究表明，变压器油中糠醛含量 C_{fur} 的对数值与绝缘纸聚合度之间存在较好的线性关系，可用式（4-7）来评估运行中变压器绝缘纸平均聚合度 DP_{av}，即

$$DP_{av} = a\ln\left(C_{fur}\right) + b \tag{4-7}$$

将本试验三种不同含水量的油纸绝缘试品老化过程中得到的油中糠醛含量与绝缘纸聚合度数据按照式（4-7）进行拟合，得到见表 4-13 和图 4-23（图 4-23

73

仅给出了含水量为 1% 的绝缘纸试品老化的实验数据及拟合曲线）。可以看出，含水量为 1% 的油纸绝缘试品老化过程中，油中糠醛的对数值与聚合度之间都存在较好的线性关系，而含水量为 3% 和 5% 油纸绝缘试品老化过程中，油中糠醛的对数值与聚合度之间相关性较弱。因此实际运行中根据油中糠醛含量运用式（4-7）来评估油纸绝缘老化状况时，应考虑变压器凝露受潮程度等因素。

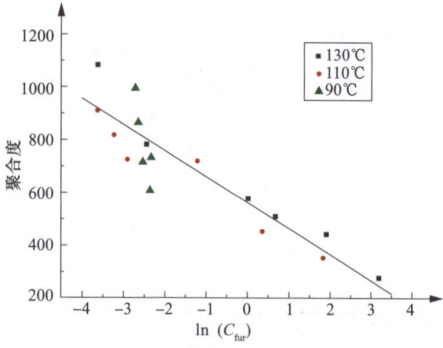

图 4-23　含水量为 1% 的油纸绝缘试品老化时糠醛浓度对数和聚合度关系图

表 4-13　　　　　　　　　　　糠醛与聚合度关系参数拟合值与 R^2

不同含水量试品	参数		R^2
	a	b	
1%	−106.98	610.36	0.9256
3%	−110.45	408.96	0.8007
5%	−99.95	555.74	0.7632

注　R^2 为线性回归决定系数。

（3）油酸值变化。为了研究水分对酸生成的影响，将相同温度下初始水分含量分别为 1%、3%、5% 的绝缘纸试品的矿物油中的老化过程中，油酸值随时间的变化关系进行对比分析，如图 4-24 所示。

由图 4-24 可看出：

1）油酸值变化规律与聚合度的下降规律整体上对应：相同温度下，水分含量越高的样品，聚合度下降越快，油酸值越高。但是油酸值的变化没有聚合度那么明显，不同水分含量绝缘纸样品在同一温度下老化时油酸值生成速率相差不大。这主要是由于酸不仅存在于油中，还有一部分被纸吸收。酸的亲水性比糠醛还要强，绝缘纸中含水量大时，很大一部分酸被吸附在绝缘纸中，使得油酸值变化没有聚合度变化那样明显。

(a)

(b)

(c)

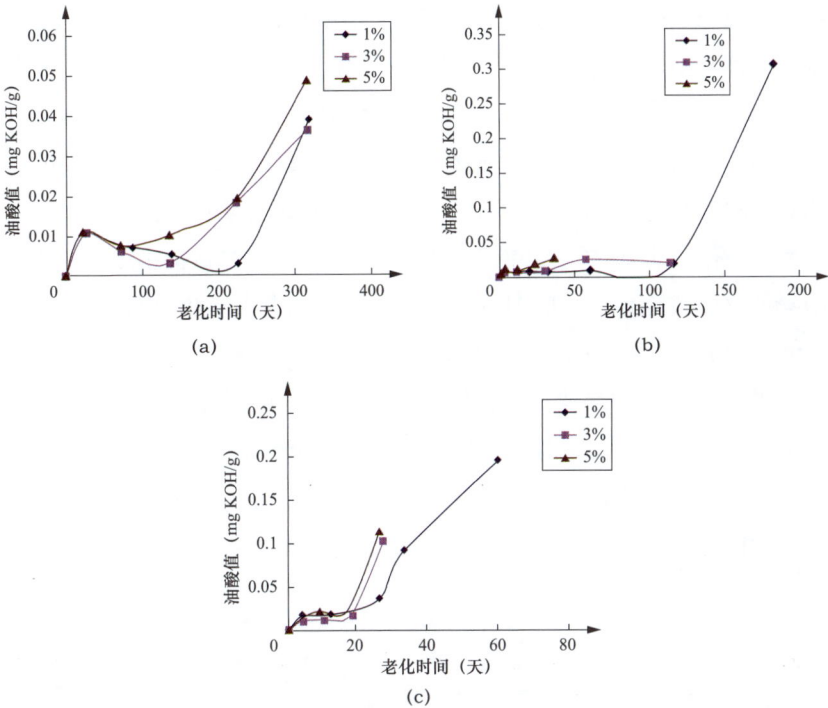

图 4-24　不同水分含量油纸绝缘样品老化时油酸值随老化时间的变化曲线
（a）90℃；（b）110℃；（c）130℃

2）油酸值随着老化的进行先缓慢上升，达到一定程度后再显著上升。图4-25 为 130℃下老化时 1%、3%、5% 初始含水量的绝缘纸试品聚合度和油酸值含量变化的关系图（其余两个温度都有类似规律）。从图中可以看出不同水分含量绝缘纸样品老化时，油酸值含量开始显著上升时的绝缘纸聚合度不一样，含水量越大时，油酸值开始显著上升时的绝缘纸聚合度越低，说明纸含水量大时，溶解了更多的酸，导致油酸值相对减小，同样的油酸值需在老化更严重后达到。另外所测得的油酸值为有机酸和无机酸的总和，有机酸又包括环烷酸及氧化产生的酸性物质等。所以只对油总酸值进行检测是远远不够的。

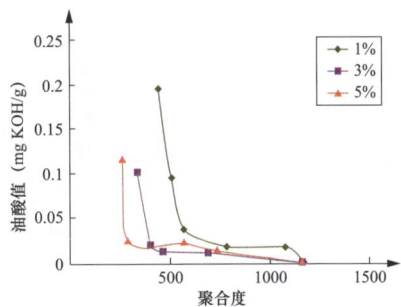

（4）纸中水分变化。图 4-26 是不同

图 4-25　130℃下老化时绝缘纸聚合度与油酸值含量关系

75

水分含量的绝缘纸试品在矿物油中老化过程中绝缘纸中水分含量随时间变化的对比曲线。由图 4-26 可看出，在同一温度下老化时，老化过程中纸中水分波动趋势由初始水分含量决定：初始含水量 1% 的绝缘纸水分含量呈先增加后减少的波动趋势；而初始含水量 3% 和 5% 的绝缘纸水分含量则呈现减小后增加的波动趋势，然后均随着老化时间的延长而波动。这主要是因为老化过程中既会消耗水也会产生水，还存在油纸氮气三相中的相互转移。初始含水量很小时，初期纸绝缘纤维的降解反应占主导，反应中有水生成，使得纸中水分在初期有增加的趋势。而 3% 和 5% 初始含水量大，初期由于水分在油纸比例中严重失衡，水分由绝缘纸向绝缘油转移占主导趋势，使得纸中水分含量在初期有减少趋势。另外，从图中还可看出，初始含水量越大，纸中水分波动幅度越大：初始水分含量分别为 1%、3%、5% 的绝缘纸试品水分含量的波动幅度分别为 0.8%、2.5%、4.5%。因此，关注老化过程中水分含量的波动幅度比水分含量绝对值更有意义。

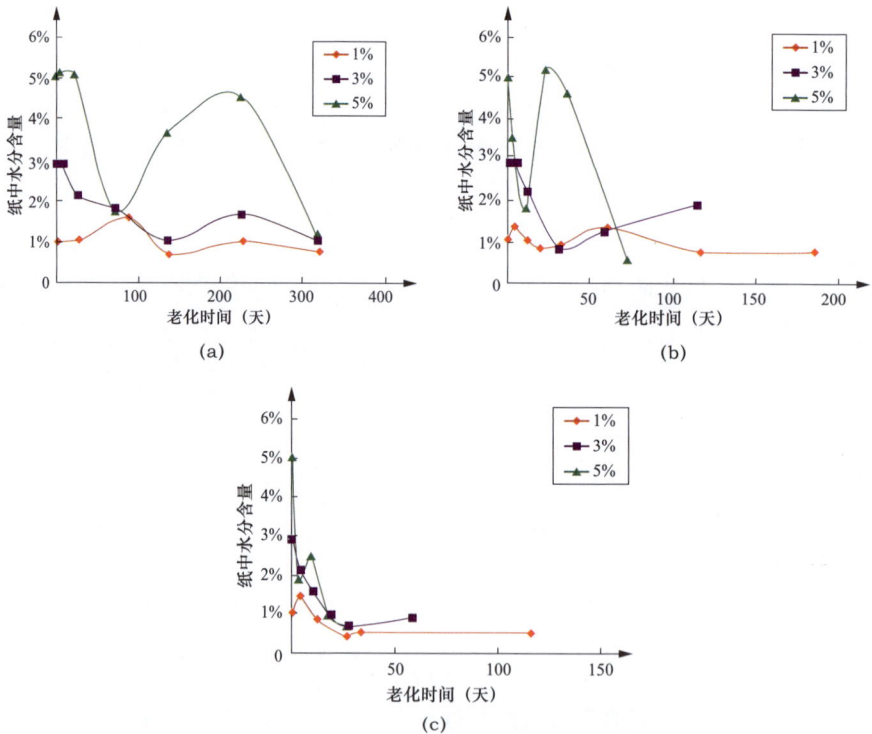

图 4-26　不同水分含量油纸绝缘样品老化时纸中水分含量随老化时间的变化曲线
（a）90℃；（b）110℃；（c）130℃

（5）油中水分变化。图 4-27 是不同水分含量的绝缘纸试品在矿物油中老化过程中矿物油中水分含量随时间变化的对比曲线。由图 4-27 可以看出：

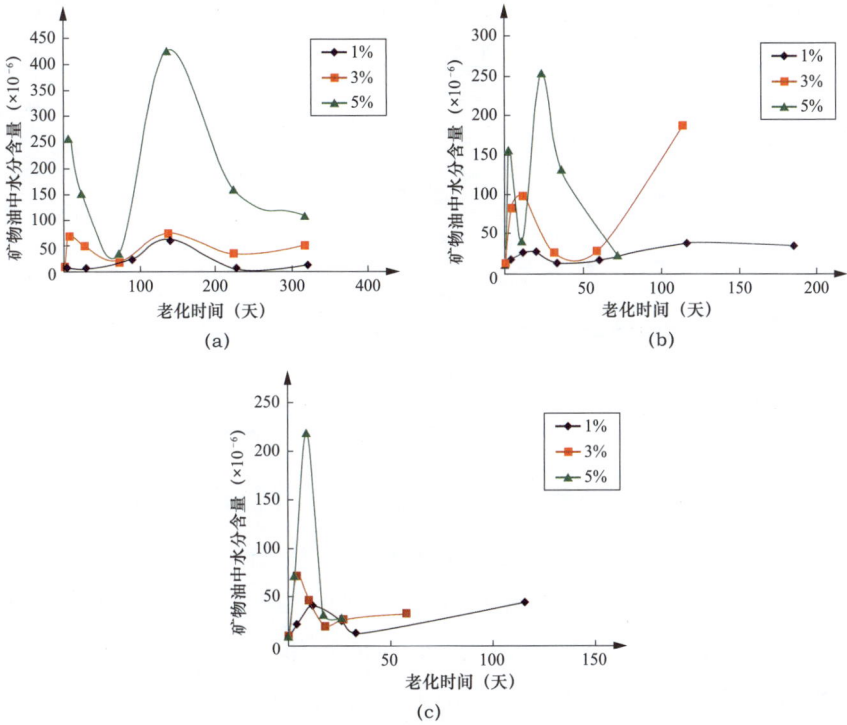

图 4-27　不同水分含量油纸绝缘样品老化时油中水分含量随老化时间的变化曲线
（a）90℃；（b）110℃；（c）130℃

1）同温度下不同初始含水量的油纸绝缘样品老化过程中，油中水分含量最初均呈先增加波动趋势，然后随着老化的进行呈增加减小交替的波动趋势。

2）初始水分含量越大，油中水分含量波动越大。初始含水量为 5% 的试品油中水分波动幅度为（200～400）×10⁻⁶，初始含水量为 3% 的试品油中水分波动幅度为（50～80）×10⁻⁶，初始含水量为 1% 的试品油中水分波动幅度为（10～30）×10⁻⁶。因此与纸中水分一样，关注老化过程中油中水分的波动幅度比水分含量绝对值更有意义。

将 90℃ 老化时，纸中水分与油中水分变化曲线的对比如图 4-28 所示，可看出：含水量为 1% 和 3% 的油纸样品老化时，油中水分和纸中水分波动趋势正好相反，油中水分增加时纸中水分减少，油中水分减少时纸中水分增加。而 5% 含水量的油纸样品老化时，油中水分波动趋势滞后于纸中水分波动趋势，油中水分变化随着纸中水分变化而变化。在"油—纸—氮气"系统中，不但存在油与纸中的水分的相互扩散平衡及纸纤维裂解生成水的化学平衡，而且存在油中水分与上层氮气空间中水蒸气的气化—凝结平衡。

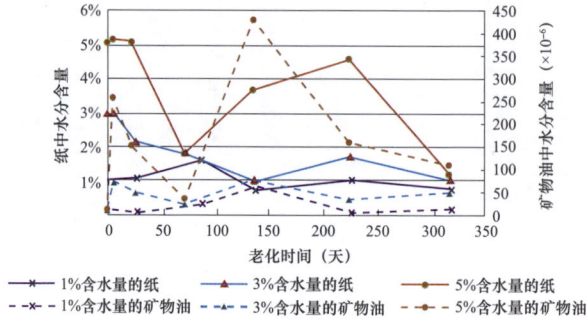

图 4-28　纸中水分和油中水分含量随老化时间的变化曲线对比

在一定的老化温度下，当初始含水量较低时，纸纤维裂解反应正向进行，且化学反应速率较快，纸中水分不断饱和，导致纸中水分向油中转移扩散的趋势增大。且这时由于油中水分含量较低，水蒸气的气化作用尚不明显，因此体现在老化初期就是油中水分与纸中水分含量呈现相同的增大趋势，纸中水分含量的增速略大于油中水分含量的增速；而在老化中期，由于化学反应和油纸中水分的扩散，油中水分积累量逐渐增多，产生了显著的气化作用，导致油中水分骤减，这就加剧了扩散平衡中纸中水分向油中扩散的作用，从而纸中水分含量明显减小，而油中水分仍缓慢增大。到老化后期，上述三个平衡均达到较稳定的状态，于是表现在水分含量上便是油中水分和纸中水分含量呈现相反的变化趋势，纸中水分含量减小时油中水分含量增大；纸中水分含量增大时油中水分含量减小。而当纸中初始水分含量较高时，在老化初期，纸中水分即有很强的向油中扩散的倾向，从而化学平衡也不断正向进行，这又大大补偿了纸中水分由于扩散造成的损失。表现在图 4-28 中，便是在老化初期，油中水分含量显著增大，而纸中水分含量变化不大。在老化中期和后期，油中水分含量和纸中水分含量并未呈现互补的态势，而表现为共同增减。这主要是由于油中水分含量较高，油中水分与上层氮气空间中水蒸气的气化—凝结平衡不断正向进行，油中水分损失较多，这就加剧了纸中水分向油中的扩散，从而加剧了化学反应的正向进行；而当上层氮气空间中水蒸气的量增大到一定程度后，水蒸气的凝结占据主导地位，有效地补偿了油中水分含量，使油中水分向纸中扩散，从而使纸纤维的裂解反应减缓，纸中水分也降低。

虽然水分在油纸系统中转移是个复杂的过程，但是水分不论存在于纸中、油中还是氮气中，都会影响绝缘纸纤维素的劣化降解反应，加速油纸绝缘样品的老化，实际变压器维护中需尽量避免水分侵入。

（6）绝缘纸频域介电谱分析。介电响应是以电介质为对象系统，以极化、介电弛豫为微观机制的一种响应。变压器油纸绝缘是一种复合电介质，油纸绝缘的老化会改变绝缘油和绝缘纸的微观结构，从而影响油纸绝缘的导电性和极化，油纸绝缘的介电特性也必将发生变化，介电响应法就是基于这样的原理诊断变压器油纸绝缘的状态的。探索油纸绝缘在老化过程中绝缘纸频域介电谱（相对介电常数 ε_r，介质损耗角正切值 $\tan\delta$ 随频率的变化曲线）的规律，为诊断油纸绝缘状态和寿命评估提供基础。

图 4-29 为含水量为 1% 的绝缘纸在 110℃ 下老化时，相对介电常数 ε_r 和介损 $\tan\delta$ 随频率变化的曲线。由图 4-29 可以看出，随着老化程度的加深，ε_r 和 $\tan\delta$ 都呈增大的趋势，主要是由于随着老化程度的加深，纸绝缘纤维素小分子链、降解生成的低分子酸、呋喃化合物等弱极性或极性物质会增多，导致绝缘纸单位体积内带电粒子数目增多，因此在交变电场作用下，试品的导电性和极化损耗会增大，使得绝缘纸试品的 ε_r 和 $\tan\delta$ 随着老化程度的加深而增大。但是，同时可看出 ε_r 和 $\tan\delta$ 随老化有增大趋势，但并不是严格遵守"老化程度高，ε_r 和 $\tan\delta$ 一定增大"的规律，老化 4 天时的绝缘纸样品不符合这个规律，结合含水量 1% 的油纸绝缘样品

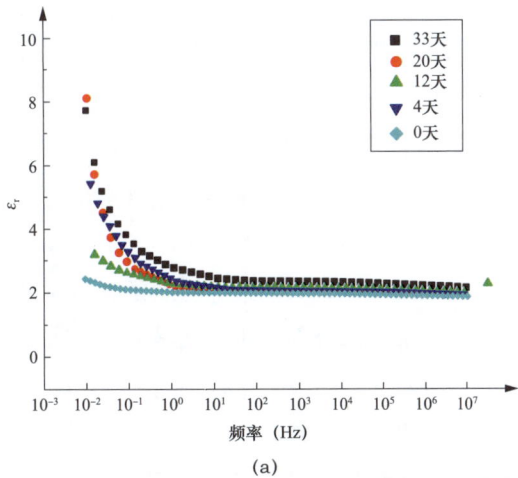

图 4-29 110℃含水量 1% 油纸绝缘样品不同老化程度绝缘纸样品的 ε_r 和 $\tan\delta$（一）

（a）相对介电常数

79

老化过程中纸中水分变化曲线，可以发现，正好在老化4天的时候，绝缘纸中水分有个增加的波动趋势，纸中水分的增加会导致纸绝缘导电性和极化损耗增大，导致老化4天的绝缘纸试品的 ε_r 和 $\tan\delta$ 比老化12天和20天的 ε_r 和 $\tan\delta$ 大。故水分含量和老化程度均对油纸绝缘的介电性能产生影响，因此在利用频域介电谱进行老化诊断时，一定要注意区分老化和水分对其的影响。

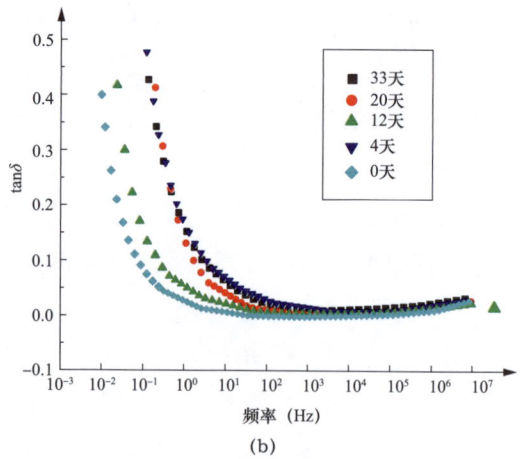

图 4-29　110℃含水量 1% 油纸绝缘样品不同老化程度绝缘纸样品的 ε_r 和 $\tan\delta$（二）
（b）$\tan\delta$

由于老化和水分的频域介电谱的共同影响，以及 3%、5% 含水量的油纸绝缘样品在老化过程中水分一直处于波动当中，试验得到 3%、5% 含水量的油纸绝缘样品在随老化的 ε_r 和 $\tan\delta$ 的变化曲线都比较混乱，没有一定的规律，这里就不一一列出，要想利用频域介电特性对油纸绝缘老化进行诊断还需后续进行大量研究。

结论：

（1）油纸绝缘水分含量越多，油纸绝缘老化越迅速，聚合度下降越快。油纸绝缘初始含水量为 3% 时，绝缘纸聚合度平均降解速率是初始含水量为 1% 时的绝缘纸聚合度平均降解速率的 1.6～3.5 倍，油纸绝缘初始含水量为 5% 时，绝缘纸聚合度平均降解速率是初始含水量为 1% 时的绝缘纸聚合度平均降解速率的 3～5 倍。

（2）温度因子对油纸绝缘老化速率的影响会随着油纸绝缘系统中水分含量的增加而增加，水分因子对油纸绝缘老化速率的影响随着温度的升高而增加，即温度和水分对油纸绝缘老化有协同影响作用。

（3）老化温度越高，油纸绝缘水分含量越高，糠醛生成速率越快。油中糠醛含量最开始缓慢增加，聚合度下降到 400 左右时，油中糠醛迅速增大。油纸绝缘水分含量会影响糠醛在油纸中的分配比例，导致油中糠醛含量增加速率与聚合度下降速率不完全对应。油纸绝缘含水量低时，油中糠醛的对数值与聚合度之间都存在较好的线性关系，而油纸绝缘含水量高时，油中糠醛的对数值与聚合度之间相关性较弱。

（4）老化温度越高，油纸绝缘水分含量越多，油酸值越高，整体变化规律均与聚合度的下降规律对应。由于酸亲水性强，导致水分对油酸值影响很大，利用油酸值评估老化时要充分考虑受潮的影响。

（5）老化过程中，纸中水分和油中水分整体都呈波动趋势。油纸绝缘初始含水量越大，老化过程中纸中和油中水分波动幅度越大。老化温度越高，纸中水分和油中水分达到波动曲线极值点的时间越短，实际中检测变压器受潮情况时应考虑到水分的波动。

（6）随着老化的进行，绝缘纸相对介电常数 ε_r 和介损 $\tan\delta$ 均增大，ε_r 和 $\tan\delta$ 频域谱曲线有上移趋势，但是水分也对频域谱有影响，利用介电频域谱对油纸绝缘老化进行诊断时要重点排除水分的影响，还需后续大量研究。

5   气温剧变环境对附件性能的影响

气温的变化，会对密封附件产生较大影响，当外形尺寸、力学性能发生变化时，如密封附件的密封性能、弹簧的弹力大大降低，从而导致电力设备可靠性降低，严重时将会导致停电事故。

5.1   气温剧变环境对密封圈性能的影响

与传统敞开式配电装置相比，气体绝缘金属封闭设备（gas insulated metal-enclosed switchgear，GIS）具有占地面积小，元件全部密封不受环境干扰、运行可靠性高、运行方便、检修周期长、维护工作量少，安装迅速、运行费用低、无电磁干扰等优点，已成为电力系统中关键的组成部分，承担电能输送和变换等各种任务，在电力系统中得到越来越多的应用。

GIS 内部充入 SF_6 气体，并且 SF_6 的绝缘强度与气体压强密切相关。影响 SF_6 气体压强的一个因素就是气密性，因此 GIS 设备的气密性优劣对设备的绝缘性能影响较大，因气密性不足使得绝缘失效后，严重时会造成 GIS 故障，从而影响电力系统的可靠性以及稳定性，对社会和国家的生产生活造成巨大损失。

而影响气密性的关键套件为 GIS 橡胶密封圈，当前使用的该类产品大部分都为橡胶制品，基本都处于应力状态下，需要在密封的场合中使用。在高压设备中，橡胶密封圈的优劣性能决定了高压设备整体的绝缘性能。在这些 GIS 高压设备中，橡胶密封圈不仅承受着巨大的机械压缩应力，还承受着 SF_6 气体的高气压，同时在一年之中，或者是在一天之内也要承受很大的温度变化。在一些极端的地区，这些高压设备会处于高海拔、高湿度等恶劣的工作环境。这些因素均会使得密封圈加速老化，进而老化失效，严重影响高压设备的可靠性和安全性。一般来说，GIS 设备气体的密封均采用安装在连接法兰处的 O 形密封圈来实现。

GIS 设备所用密封圈一般为挤压密封，其安装在法兰面上所设置的密封槽内，受到法兰的挤压产生变形，从而起到密封气体的作用。

根据 GIS 设备中橡胶密封圈典型的工作条件，O 形橡胶密封圈主要的老化失效在于密封圈长期处于挤压状态下，受到环境因素的剧烈变化后的永久老化变形，导致密封物理性能变差。而内部充着高气压的 SF_6 气体，最终会承受不住高压气体而发生气体泄漏的故障。因此，需要展开对橡胶密封圈的永久老化变形的研究。

5.1.1 试品

对于试品而言，采用 110kV 电压等级的套管密封圈，其材料为三元乙丙橡胶。采用的 O 形橡胶密封圈样品如图 5-1 所示，其公称直径 D=8.5mm，样品横截面直径 d=245.0mm。

5.1.2 试验装置

（1）密封老化试验装置。为了使试验接近实际情况，设计了带有符合 GB/T 5720《O 形橡胶密封圈试验方法》的密封老化试验夹具，使试验装置使用的密封槽与试品 O 形橡胶密封圈相匹配。试验夹具的材质、公差配合、表面光洁度等参数及技术要求均按照 GIS 产品的设计要求执行。密封老化试验装置如图 5-2 ～图 5-4 所示。

图 5-4 中的密封老化试验整体装置夹具通过 6 个六角螺栓固定，从图 5-2 可以看出，将套管 O 形橡胶密封圈固定在凹槽内，再通过夹具固定。并且密封老化试验装置夹具与空心罐相连，空心罐内充着 SF_6 替代气体 N_2 来进行实际现场模拟试验。在实际的 GIS 站内，SF_6 气体通常为 0.3 ～ 0.5MPa，因此在 O 形

图 5-1　O 形橡胶密封圈研究样品

图 5-2　密封老化试验装置下部夹具

83

橡胶密封圈密封老化试验中，将罐内的气压充到 0.5MPa。

图 5-3 密封老化试验装置夹具

图 5-4 密封老化试验装置整体

（2）高低温交变试验箱。为模拟高低温交变的试验条件，冻融循环试验在可编程高低温交变试验箱进行，温度调节范围为 –40 ～ 130℃，工作室尺寸 800mm × 700mm × 900mm，外形尺寸为 1260mm × 1100mm × 2040mm，输入功率为 8kW。

（3）电子扫描显微镜。采用的电子扫描显微镜配备大行程 5 轴电动载物台、多种辅助选件和易于操作的 SmartSEM 软件，该软件是材料分析的出色成像解决方案。装置包括 80mm × 100mm × 35mm 的 XYZ 轴行程，以及 100mm 的最大样品高度。装置如图 5-5 所示。

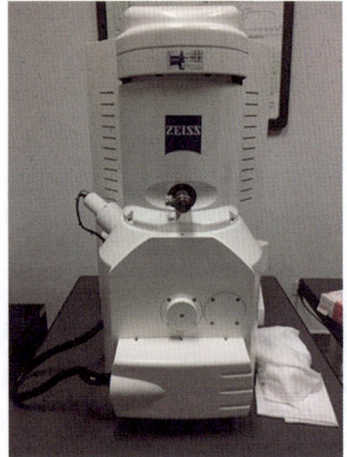

图 5-5 电子扫描显微镜

5.1.3 试验方法及步骤

（1）试验步骤。

第一步，橡胶密封圈和标准试样在老化前于室温下按照试验压缩率加载 24h，测量试品高度 H_1，去掉负荷，于同温下再放置 24h，并测定试品高度 H_0。

第二步，将设定好数量的橡胶密封圈装配至试验工装，然后全部放入设定好温度的烘箱加速老化，按照计划安排取样（一般取样间隔为 24h 或者 24h 的整数倍数），卸载负荷后在室温下放置 24h 测量试品高度 H_2。

第三步，计算压缩永久变形 ε_0，即

$$\varepsilon_0 = \frac{H_0 - H_2}{H_0 - H_1} \times 100\% \qquad （5-1）$$

式中：H_0 为加速老化试验前加到额定压缩率，24h 后测得的样品高度，mm；H_1 为去掉负荷，使得样品在室温下进行恢复，测得恢复 24h 后的样品的高度，mm；H_2 为将样品放入恒温箱进行加速老化试验，试验途中取出样品，在室温下静置 24h 后测得的样品高度，mm。

第四步，重复取出试验样品直至压缩永久变形达到考核指标，则认为该温度点试验结束。

第五步，制备做完试验的 O 形橡胶密封圈样品，进行扫描式电子显微镜分析。

第六步，根据老化试验数据计算分析得到密封圈的寿命规律。

（2）试验方法。

1）高低温温度循环老化试验。O 形橡胶密封圈高低温温度循环老化试验参照 GB/T 7759.1《硫化橡胶或热塑性橡胶 压缩永久变形的测定 第 1 部分：在常温及高温条件下》和 GB/T 7759.2《硫化橡胶或热塑性橡胶 压缩永久变形的测定 第 2 部分：在低温条件下》进行，其中高温设置为 80℃，持续时间为 6h，低温为 –20℃，持续时间为 6h，高低温试验箱温度和时间的关系如图 5–6 所示。并且在密封试验罐内充入一定量的 N_2，使其气体压强为 0.5MPa，用以模拟 GIS 中 SF_6 气体中高压设备中的密封圈热循环老化试验。

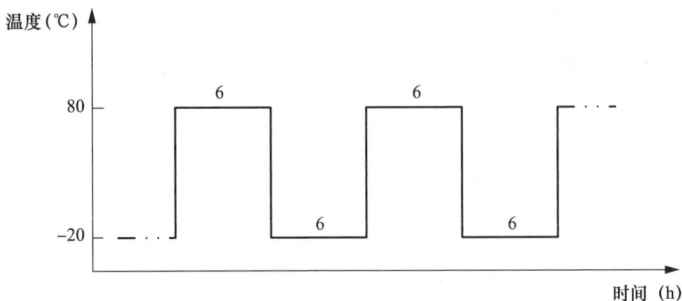

图 5–6 高低温试验箱温度和时间的关系

试验中一次设置两组，即将两个样品分别加装到两个相同的罐子进行测试，用于同一次试验中的相互比较，共设置了 A、B、C、D 四组进行分析。

2）不同温度下老化试验结果。O 形橡胶密封圈高低温温度循环老化试验参照 GB/T 7759.1《硫化橡胶或热塑性橡胶 压缩永久变形的测定 第 1 部分：在常温及高温条件下》和 GB/T 7759.2《硫化橡胶或热塑性橡胶 压缩永久变形的测定 第 2 部分：在低温条件下》进行，老化温度一般为 5 个，不得少于 4 个点，每个试验温度点的试验次数不得少于 10 次，且第 1 次取样测试数据对应的指标变化率不得大于 20%，故选择试验温度为 90℃、105℃、120℃、130℃、140℃。试验总样品数及取样间隔也需要按照该要求选取。

每隔一定时间，重复取出试验样品直至压缩永久变形达到考核指标，则认为该温度点试验结束。

3）试验温度及失效点判定。密封圈的失效判据：相关文献的推荐值一般为压缩永久变形达到 80%，但是由于研究对象用途是 SF_6 气体密封，对密封圈性能的要求更严格，同时参照 HG/T 3087《静密封橡胶零件贮存期快速测定方法》，试验失效判据确定为：试验测试的密封圈压缩永久变形达到 70%。

一般而言，90℃温度下的加速老化试验，要到达 70% 的试验指标，需要 1 年以上的时间，故低温度等级的试验总时间一般推荐控制为 3 个月，所以失效点以压缩永久变形 70% 或者总时间 3 个月，先到达任意一个节点为试验终止标志。当然，对温度较高的试验，为了保证采集到的数据数量与质量，可以考虑在试验过程中，以试验总时长为试验结束判据。

4）SEM 分析。设计的老化试验主要是由于温度引起的永久压缩变形，因此对于其变化后的内部微观结构进行分析是十分有必要的。随机抽取各个试验后的 O 形橡胶密封圈，制备样品，通过电子显微镜扫描形貌后，选取出几种有明显特征的形貌图。

5.1.4　不同循环次数下老化试验结果

表 5-1 给出了不同试验温度下的密封圈老化试验后压缩永久变形率的测定结果。

表 5-1　　　　　　　　　　高低温循环加速老化压缩永久变形测试结果

试验时间（天）	试验组别			
	A	B	C	D
0.5	0.1203	0.1138	0.1042	0.1254
1.0	0.1410	0.1425	0.1348	0.1421
2.0	0.1763	0.1657	0.1642	0.1637
3.0	0.2037	0.2096	0.2156	0.2175
5.0	0.2155	0.2265	0.2075	0.2265
7.0	0.2185	0.2275	0.2245	0.2304
9.0	0.2273	0.2368	0.2467	0.2496
13.0	0.2407	0.2495	0.2569	0.2602
17.0	0.2695	0.2745	0.2655	0.2734
22.0	0.2895	0.2944	0.2840	0.2866
27.0	0.3048	0.3044	0.3142	0.3127
35.0	0.3112	0.3158	0.3213	0.3255
43.0	0.3212	0.3315	0.3408	0.3354
56.0	0.3451	0.3491	0.3542	0.3496
63.0	0.3765	0.3664	0.3863	0.3765
72.0	0.4053	0.3908	0.4126	0.4037
83.0	0.4568	0.4634	0.4693	0.4565

由于低温度下的老化试验周期很长，故 90℃和 110℃两个温度点下的试验结束标识以 3 个月为界，并未严格满足压缩永久变形 70%。从表 5-1 内数据也能够看出，试验在持续了近 3 个月的时间里，密封圈压缩永久变形还远未达到 70%。其余 3 个温度点下的老化试验满足了 70% 压缩永久变形指标的试验要求。

需要说明的是，在老化时间相同时，以试验时间为 2 天为例，发现在 90℃温度下的永久变形率比 105℃温度下的永久变形率还要大，这并不满足老化反应的原理，主要是由于试品尺寸较小，同时在试验初期，老化速率不是很快，所要测试的数据变化不大，测试过程中容易出现测量误差，使得计算结果偏差较大，属于难以避免的现象，可以考虑在后期数据处理过程中剔除相应的数据点，同理，140℃温度下的压缩永久变形率计算，甚至有超过 100% 的情况，也属于上述现象，可用同样的方式处理。

对表 5-1 中的数据进行归纳，画出其散点图，如图 5-7 所示。从图 5-7 可以看出，随着高低温循环老化时间的增加，压缩永久变形在逐步增大。

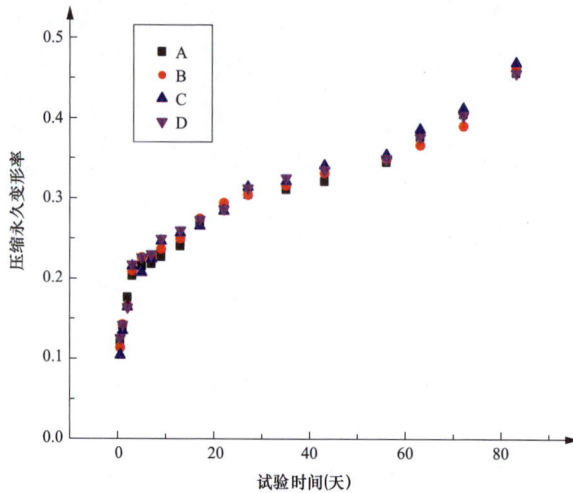

图 5-7　高低温循环加速老化压缩永久变形测试结果

5.1.5　不同温度下老化试验结果

表 5-2 中给出了不同试验温度下的密封圈老化试验后压缩永久变形率的测定结果。由于低温度下的老化试验周期很长，故 90℃和 110℃两个温度点下的试验结束标识以 3 个月为期，并未严格满足压缩永久变形 70%。从表 5-2 内数据也能够看出，试验在持续了近 3 个月的时间里，密封圈压缩永久变形还远未达到 70%。其余 3 个温度点下的老化试验满足了 70% 压缩永久变形指标的试验要求。

表 5-2　不同试验温度下的密封圈老化试验后压缩永久变形率的测定结果

试验时间（天）	试验温度（℃）				
	90	105	120	130	140
0.5	—	—	0.1300	0.1126	0.1474
1.0	0.1411	0.1765	0.1793	0.1452	0.1991

试验时间	试验温度（℃）				
（天）	90	105	120	130	140
2.0	0.1864	0.1107	0.2141	0.1720	0.2707
3.0	0.2157	0.1971	0.2355	0.2392	0.3698
5.0	0.2259	0.2588	0.2802	0.3108	0.4621
7.0	0.2185	0.2759	0.3336	0.3579	0.5906
9.0	—	0.2026	0.3561	0.4560	0.6191
12.0	2.402	0.3084	0.4113	0.4859	0.7619
15.0	0.2495	0.2299	0.4486	0.5774	0.8165
21.0	0.2942	0.3525	0.5111	0.7125	0.9850
28.0	0.3149	0.3549	0.5669	0.8101	1.0413
35.0	0.3060	0.4115	0.6817	0.8684	1.0937
42.0	0.3273	0.4760	0.7416	0.9462	—
56.0	0.3487	0.5231	0.8312	—	—
63.0	—	0.5623	—	—	—
70.0	0.3080	—	—	—	—
84.0	0.4445	—	—	—	—

需要说明的是，在老化时间相同时，以试验时间为2天为例，发现在90℃温度下的永久变形率比105℃温度下的永久变形率还要大，这并不满足老化反应的原理，主要是由于试品尺寸较小，同时在试验初期，老化速率不是很快，所要测试的数据变化不大，测试过程中容易出现测量误差，使得计算结果会偏差较大，属于难以避免的现象，可以考虑在后期数据处理过程中剔除相应的数据点即可，同理，140℃温度下的压缩永久变形率计算，甚至有超过100%的情况，也属于上述现象，可用同样的方式处理。

图5-8给出了不同老化温度下的密封圈压缩永久变形示意图。从图5-8可以看出，随着老化时间的增加，压缩永久变形在逐步增大，但是90℃温度下，第84天所计算的老化试验压缩永久变形也仅有44.45%，105℃温度下，第63天所计算的老化试验压缩永久变形也仅有56.23%，这说明在老化温度较低的条件下，密封圈老化速度较慢。

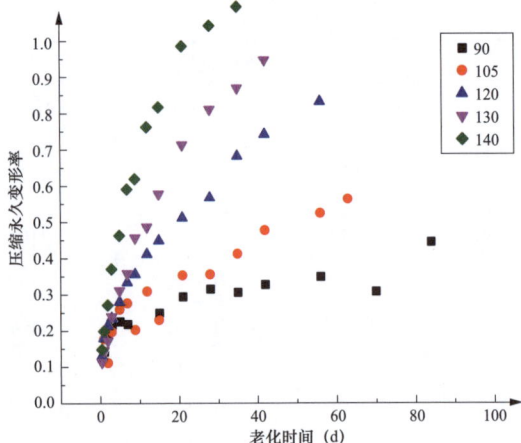

图 5-8　不同试验温度下的密封圈老化试验后压缩永久变形率的测定结果

再考虑同一个老化时间，不同温度的压缩永久变形率对比。从表 5-2 及图 5-8 中可以明显看出，同一个老化时间下，温度和永久变形率并没有呈现一个线性关系，这说明老化指标和老化时间之间并不能用简单的线性关系来代替。

5.1.6　SEM 分析

图 5-9 所示为放大 200 倍和 500 倍的 O 形橡胶密封圈老化后的一些显著特征扫描图像。从图 5-9（a）来看，丁丙橡胶硬化，出现永久压缩变形后，有些部位明显出现了微型的褶皱；从图 5-9（b）来看，由于受到了压缩变形，有些部分出现了隆出物，可能是长期挤压而产生的部分。

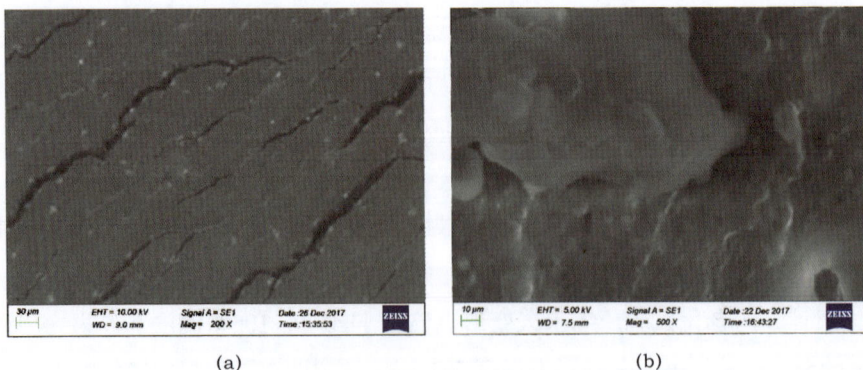

(a)　　　　　　　　　　　　　　　(b)

图 5-9　O 形密封圈老化后的扫描电子显微镜结果

（a）放大 200 倍；（b）放大 500 倍

5.1.7 O形橡胶密封圈老化温度与寿命的预测

一般而言，老化特性指标 y 与老化时间 τ 之间的关系可以描述为

$$y = Be^{-K\tau^\alpha}\qquad\qquad(5-2)$$

式中：y 为老化特性指标，对于应力松弛，为老化时间 τ 时的应力 f 与老化前的初始应力 f_0 的比值；对于拉断伸长率，为任何老化时间 τ 时的伸长率 L 与老化前的伸长率 L_0 的比值；对于压缩永久变形，为 1 减去老化时间 τ 时的压缩永久变形率 ε；B 为试验常数；K 为速度常数，d^{-1} 或 min^{-1}；τ 为老化时间，d 或 min；α 为经验常数。

对于式（5-2），可以通过对数变化，得到 $\lg y$–τ^α 的线性关系。

当温度升高时，一般的化学反应速率会加速，对于某些化学反应而言，温度每升高 10℃，其反应速率会达到原来的 2～3 倍。温度和化学反应速率的关系，一般可以用式（5-3）[1] 来表示，即

$$K(T) = Ae^{-\frac{E}{RT}}\qquad\qquad(5-3)$$

式中：$K(T)$ 为反应速率的常数，d^{-1} 或 min^{-1}；A 为指数因数，d^{-1} 或 min^{-1}；E 为活化能，J/mol；R 为摩尔气体常数，8.314 J/（mol·K）；T 为热力学温度，K。

为了利用反应公式来进行密封圈老化试验失效时间及老化寿命的评估分析，首先要对公式参数进行估计，来获取相应的参数指标，以期得到明确的反应表达式。对式（5-2）而言，其中含有待估计参数 α，一般采用逐次逼近的方法求解。逼近准则为

$$I = \sum_{i=1}^{p}\sum_{j=1}^{n}(y_{ij} - \hat{y}_{ij})^2\qquad\qquad(5-4)$$

式中：y_{ij} 为第 i 个老化温度下，第 j 个测试点特性指标试验值；$\hat{y}_{ij}$ 为第 i 个老化温度下，第 j 个测试点特性指标预测值；p 为试验温度个数；n 为 p 个试验温度下的试验次数。

当 α 为一尝试值时，式（5-2）经过对数变化，可写成线性表达式，即

---

[1] 式（5-3）为阿仑尼乌斯公式。

91

$$Y = a + bX$$
$$Y = \lg y$$
$$a = \lg B$$
$$B = -\frac{K}{2.303}$$
$$X = \tau^{\alpha}$$

（5-5）

然后利用最小二乘法，对式（5-5）中的参数 a 和 b 进行估计，有

$$b_n = \frac{\sum XY - \dfrac{\sum X \sum Y}{n}}{\sum X^2 - \dfrac{\left(\sum X\right)^2}{n}}$$

（5-6）

$$a_i = \frac{\sum Y}{n} - b\frac{\sum Y}{n}$$

（5-7）

这样就可以求出 p 个试验温度下的速度常数 $K_i = -2.303b_i$ 及 $B_i = 10a_i$，那么式（5-2）中参数 B 的估计值为

$$\hat{B} = \frac{\sum B_i}{p}$$

（5-8）

同样的，对于式（5-3）而言，也可以经过对数变换后得到线性表达式，即

$$W = C + DZ$$
$$W = \lg K$$
$$C = \lg A$$
$$D = -\frac{K}{2.303R}$$
$$Z = T^{-1}$$

（5-9）

利用最小二乘法对参数 C 和 D 进行估计，有

$$D = \frac{\sum wz - \dfrac{\sum w \sum z}{p}}{\sum z^2 - \dfrac{\left(\sum z\right)^2}{p}}$$

（5-10）

$$C = \frac{\sum w}{p} - D\frac{\sum z}{p} \qquad (5\text{--}11)$$

由此可以求得 p 个试验温度下的速度常数 K 的估计值为

$$\hat{K}_i = 10^{(C+DZ)} \qquad (5\text{--}12)$$

这样就有

$$I = \sum_{i=1}^{p}\sum_{j=1}^{n}(y_{ij} - \hat{y}_{ij})^2 = \sum_{i=1}^{p}\sum_{j=1}^{n}(y_{ij} - \hat{B}\mathrm{e}^{-k\tau_{ij}^{\alpha}})^2 \qquad (5\text{--}13)$$

在知道 I 的表达式后, 可以对 α 值进行尝试法求解。根据经验可以知道, α 值在 $0 \sim 1$ 之间, 首先令 α 为 0.5 和 0.51, 比较各自的 I 值大小, 如果 α=0.5 时 I 值较小, 那么接下来的尝试区间为 $0 \sim 0.5$, 反之尝试区间为 $0.5 \sim 1$, 在 α 尝试值精确到小数点后两位时 I 值最小的一组解为参数估计的最优解。

在得到 $W = C + DZ$ 方程式后, 需要对其进行线性相关检验, 检验使用相关系数 r 来表征, 其表达式为

$$r = \frac{\sum wz - \dfrac{\sum w \sum z}{p}}{\sqrt{\left[\sum w^2 - \dfrac{(\sum w)^2}{p}\right]\left[\sum z^2 - \dfrac{(\sum z)^2}{p}\right]}} \qquad (5\text{--}14)$$

查询相关系数表中显著性水平为 0.01, 自由度 $d_{\mathrm{f}} = p-2$ 的表值, 如果计算值比表值大, 那么 W 和 Z 相关显著, 式 (5--9) 成立, 反之不成立, 需要重新试验或者补充相关试验数据。

在相关性原理检验合理后, 对 W 的标准差进行计算

$$S_w = S\sqrt{1 + \frac{1}{p} + \frac{(Z_0 - \bar{Z})^2}{\left[\sum Z^2 - \dfrac{(\sum Z)^2}{p}\right]}} \qquad (5\text{--}15)$$

$$S = \sqrt{\frac{(1-r)^2\left[\sum w^2 - \dfrac{(\sum w)^2}{p}\right]}{p-2}} \qquad (5\text{--}16)$$

那么, W 的置信区间上限为

$$W = C + DZ + tS_w \tag{5-17}$$

式（5-17）中，t 值可以从自由度 $d_f = p-2$ 和显著性水准为 0.05 时的单侧界限 t 值表中查询。

在得到了 W 的置信上限后，就可以写出速度常数的上限表达式，即

$$\hat{K}_U = 10^{(C+D\frac{1}{T_i}+tS_w)} \tag{5-18}$$

那么在某温度下的性能变化预测方程为

$$y = \hat{B}e^{-\hat{k}_U\tau^a} \tag{5-19}$$

经过上述的分析处理过程，可以得到性能指标临界值 y_0 下的密封圈寿命为

$$\tau = e^{\left[\frac{1}{a}\left(\ln\ln\frac{\hat{B}}{y_0}-\ln\hat{K}_U\right)\right]} \tag{5-20}$$

对密封圈老化性能和寿命的分析评估方法主要包括以下过程：首先确定加速老化试验温度，一般而言，温度点至少应该有 5 个；确定老化性能指标临界值 y_0，对于书中所述试验而言，$y_0 = 1-0.7 = 0.3$，这一般由密封圈生产经验、试验经验或者实际使用经验确定；然后对老化试验数据进行整理，作出 $\ln y - \tau^a$，$\ln K - 1/T$ 的关系图和关系式；分析关系式的统计规律；最后根据分析，利用上文涉及的计算方法，得到被研究密封圈的使用寿命。

图 5-10 给出了老化特性指标与老化时间的关系，从图 5-10 可以看出，$\ln y$ 与 τ^a 满足线性关系，且温度越高，斜率越大，也就是说老化性能指标下降越快，老化反应速率越快。同其他几个老化温度相比，在 140℃老化温度下，老化特性指标与老化时间的线性关系不是很显著，从图 5-10 来看，数据收敛性不强，说明在该温度点下，橡胶的老化反应可能与其他几个温度下的老化反应原理有所不同，无法严格满足阿伦尼乌斯公式。

老化温度的倒数与反应速率对数的关系分布见图 5-11，从图 5-11 可以看出，二者基本符合线性分布规律，通过线性拟合及计算，得到相应的数学关系为

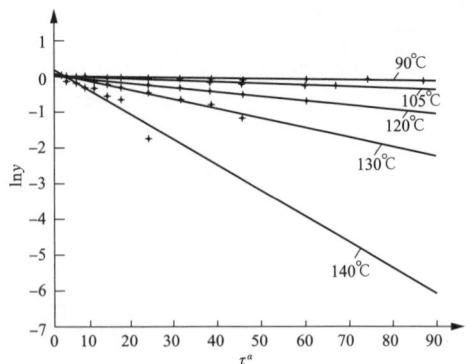

图 5-10　不同温度点下 $\ln y-\tau^a$ 的关系

$$\ln K = 10.8513 - 4842.9 \times \frac{1}{T} \qquad (5\text{-}21)$$

从图 5-11 可以看出，反应速率的对数和老化温度的倒数呈线性关系。根据式（5-21），可以计算得到不同温度下的反应速率数值 K，将所有计算得到的参数代入式（5-20），即可获得密封圈使用寿命的预测值。以使用温度为 70℃ 为温度指标，在老化特性指标 y_0 为 0.3（即压缩永久变形率达到 70%）的情况下，利用式（5-20），通过计算可以得到 τ_{343}=2.5544，这就说明，在使用温度为 343K（70℃）的条件下，密封圈的压缩永久变形率达到 70% 需要 2.5544 年；也就是

说，根据设定的试验条件，密封圈在 70℃ 的工作环境中的使用寿命为 2.5544 年。同样的，可以利用式（5-20），分别计算得到不同温度下的密封圈使用寿命，见表 5-3。利用表 5-3 可对 GIS 产品密封圈使用寿命做简单的预测，当然也可以利用式（5-20），根据实际需要计算得到指定温度下的密封圈使用寿命。

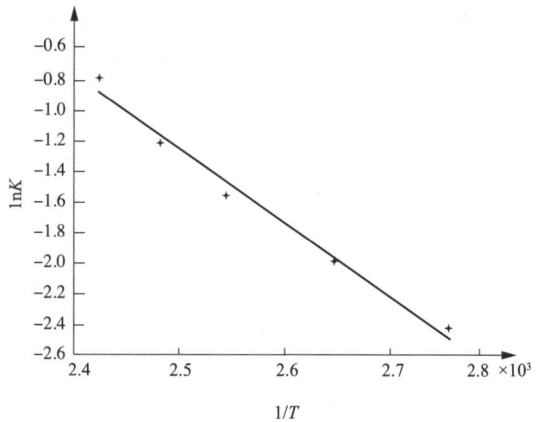

图 5-11　老化温度倒数—反应速率对数的关系

表 5-3　O 形橡胶密封圈寿命预测

工作温度（℃）	工作寿命（年）
20	299.1785
30	102.8487
40	37.7167
50	14.6492
60	5.9849
70	2.5544
80	1.3110
90	0.5156
100	0.2401

表 5-3 给出了典型工作温度下的密封圈使用寿命预测值，可以看出，工作温度越高，其使用寿命越短，随着温度的降低，使用寿命也以指数方式增长。在老化试验中，虽然 90℃ 及 105℃ 无法严格满足 70% 的压缩永久变形指标，但是其余的老化温度试验数据严格满足 70% 的试验指标，由于数据量较大，故数据分析处理时的拟合精度较高，数据结论置信度高。

由此，可以得出以下结论：

（1）从 SEM 分析来看，温度循环密

封老化试验和恒定温度老化试验中，密封圈主要是产生永久压缩形变，其微观特征有：①产生褶皱；②挤压出隆出物。

（2）密封圈压缩永久变形率与老化时间正相关，与老化温度也正相关，但并不符合线性关系，这和橡胶老化遵循阿伦尼乌斯方程相关；老化时间的倒数与老化指标的对数呈线性关系。

（3）O形橡胶密封圈的寿命会长达数百年，但这在实际使用过程中是不可能发生的。上文中的试验装置严格按照标准定制，密封圈的压缩量分布均匀，试验温度恒定，在整个试验过程中，密封圈基本隔绝空气，同时也不会受到光照，仅利用老化温度一个应力指标作为试验的关键。但在 GIS 产品实际使用环境中，密封圈的温度应力在不断变化，同时，也有可能要承受湿度变化、大气压力等综合因素的影响，这些因素都将会影响密封圈的老化过程，综合作用时势必会加快密封圈的老化速度。

5.2 气温剧变环境对弹簧性能的影响

弹簧是高压断路器中重要的储能元件，而高压断路器是电力系统中最主要的控制、保护装置，对电网的安全运行起着关键作用。高压断路器可以在电力线路或设备发生故障时将故障部分从电网中快速切除，保证电网中无故障部分正常运行。弹簧操动机构的优点有：①功能原理简单；②由弹簧提供断路器操作所需的能量，弹簧一旦储能，能量就被保持住而不会有能量损失，也不需要对它的储能进行专门的监测，从储能方式的角度讲其可靠性高；③结构直观，检查时断路器的灭弧室无需打开，维修保养工作量减少到了最低限度。正是由于弹簧操动机构的这些优点，而且在电力系统中，高压断路器的操动机构占有较大比重，随着电力系统的发展，以及近年来"城网、农网"改造步伐的加快，高压断路器的使用量也在增加。

随着用电范围的不断扩大，供、配电网络日趋复杂，断路器作为电力的生产、分配与使用系统中重要的保护器件之一，其可靠性至关重要。实践证明，操动机构系统的设计、制造、装配、工艺的不良是导致断路器"拒、误动"的主要原因，因此弹簧操动机构系统，是发挥断路器优越性的关键技术。

5.2.1　温度对弹簧性能影响因素

此处以 LW36-126 断路器分闸圆柱螺旋压缩弹簧为研究对象，该弹簧由 $60Si_2CrVA$ 弹簧钢丝卷制而成，具体技术参数如表 5-4 所示。

表 5-4　弹簧参数

名称	总圈数	有效圈数	簧丝直径（mm）	中径（mm）	自由高度（mm）
参数值	9.5	8	24	122	389

5.2.2　试验装置

（1）高低温交变试验箱。为模拟高低温交变的试验条件，冻融循环试验在可编程高低温交变试验箱进行，温度调节范围为 $-40 \sim 130\,℃$，工作室尺寸为 $800mm \times 700mm \times 900mm$，外形尺寸为 $1260mm \times 1100mm \times 2040mm$，输入功率为 8kW。

（2）预加应力装置。试验使用的预加应力装置由金属支架、连接金具、弹簧、拉力传感器、温度传感器、监测记录装置和旋转加力装置等构成，预加应力可达 50kN。

（3）试验步骤及试验方法。

1）试验步骤。

第一步：对需要进行冻融循环试验的弹簧样品，安装到试验装置上，并按要求预先施加相同的预应力。

第二步：将弹簧和预应力试验装置一起放入高低温交变试验箱中，并根据冻融循环试验的要求设定冻融循环次数和高温低温的范围及持续时间。

第三步：达到规定的冻融循环次数以后，记录下弹簧的应力值。

2）试验方法。弹簧冻融循环试验参照 GB/T 50082《普通混凝土长期性能和耐久性能试验方法标准》进行，其中高温设置为 10℃，持续时间为 2.5h，低温为 -20℃，持续时间为 2.5h，冻融循环流程如图 5-12 所示。在弹簧一端注入约 50mL 的纯净水，以模拟冻融循环条件。由于水的比热容较大，导致弹簧上的温度变化较设置的温度曲线有一定的滞后现象，如图 5-13 所示。

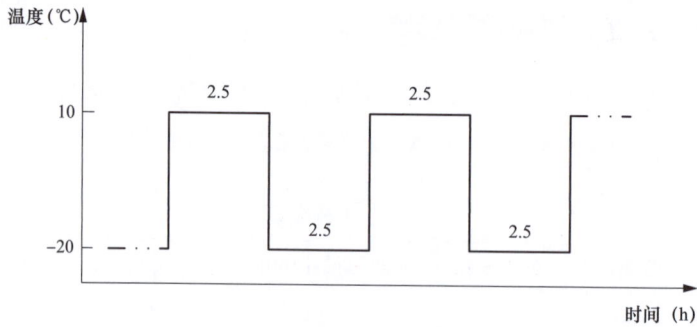

图 5-12 高低温试验箱温度和时间的关系

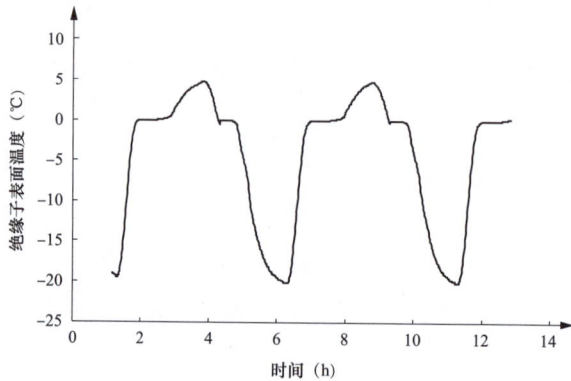

图 5-13 绝缘子表面温度和时间的关系

5.2.3 试验结果及分析

按照上述试验方法，在同一弹簧上进行多次冻融循环试验，每隔20次循环操作后测试弹簧弹力，并记录试验数据。弹簧弹力随冻融次数的变化趋势如图 5-14 所示。

由图 5-14 可知，随着冻融次数的增加，圆柱螺旋压缩弹簧的工作负荷有减小的趋势（即应力松弛有增大趋势），这是由弹簧体内局部微塑性形变所导致。该试验数据存在一定的分散性，且弹簧负荷有反弹情况出现，主要原因是：当加载构件与所要测试的圆柱螺旋弹簧紧密接触时，由于弹簧的刚度较大，加载构件随环境温度波动发生微小的热胀冷缩，故造成一定的载荷波动。

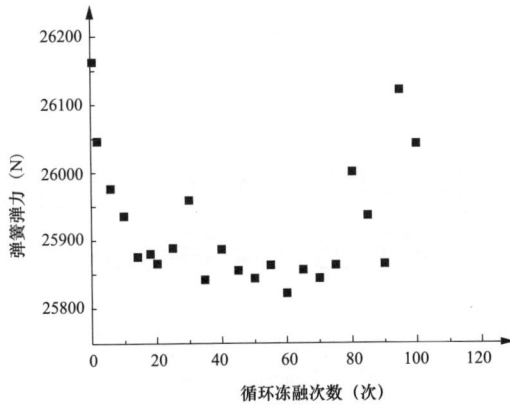

图 5-14 弹簧弹力与冻融次数关系图

结果表明，LW16-126 弹簧操动机构的分闸螺旋弹簧在经过 120 次冻融后，其弹力比初始载荷下降最多的为 0.35kN，这说明对于弹簧操动机构，弹簧的冻融次数并不会明显使弹簧的弹力衰减。

6 气温剧变环境对电气设备影响试验方法与特征量

受温度剧变影响的特征量提取主要包括机械性能与电气性能两个方面。其中机械性能包括机械强度、断裂与冲击韧性等指标；电气性能包括介电强度、介电损耗等指标。

6.1 气温剧变对绝缘子等设备影响与特征量提取

我国绝缘子运行事故按事故种类主要分为开裂和伞裙炸裂；从事故发生情况来看，影响事故发生的因素主要包括绝缘子的用途、电压等级、地区分布，环境条件等。在事故发生时间上，主要呈现出春冬季节频繁，夏秋季节少见的特点，而在空间上则表现为北方多于南方，东部多于西部。

6.1.1 绝缘子选择

根据支柱绝缘子的事故情况统计，110kV 与 220kV 支柱绝缘子事故发生最为频繁，同时，110kV 绝缘子是目前使用数量最多的支柱绝缘子类型，因此，在试验中重点关注 110kV 支柱绝缘子的机械及电气性能受温度剧变的影响情况。

对于瓷套和充气式套管，目前尚未见统计性的事故分析报告，但是纯瓷套管与充气式套管受本身绝缘性能的限制，主要用于 35kV 以下电压等级，其中，以 20kV 最为常见，因此，在试验中重点关注 20kV 纯瓷套管及充气式套管的机械与电气性能受温度剧变的影响情况。

6.1.2 特征量提取

支柱绝缘子、瓷套及套管的受温度剧变影响的特征量提取主要包括机械性能与电气性能两个方面，其中机械性能包括机械强度、断裂与冲击韧性，电气性能包括介电强度与介电损耗。

（1）机械强度。气温剧变对绝缘子的影响是多方面的。

1）由于构成绝缘子的电瓷、法兰、水泥胶合剂等材料具有不同的热膨胀系数，在温度剧变的影响下会出现温差应力，在法兰与瓷柱连接处出现应力集中的情况。随着温度变化的幅度增加，应力的大小也会随之线性增加。由此，可以说明，温度骤变引起的热应力会加速绝缘子的老化情况，除此以外，在温度骤变的过程中，应力会随温度的变化而迅速增大，这无疑会对绝缘子的机械性能产生不利影响，同时，温度降低变化过程所产生的应力变化程度大于温度升高所带来的应力变化，说明低温环境对绝缘子的老化影响更加明显。

2）大多数绝缘子所使用的水泥胶合剂内部含有自由水，在低温环境下，自由水结冰从而使得体积显著膨胀，当膨胀达到一定程度时，将会破坏水泥胶合剂并使绝缘子丧失机械强度。在温差较大的地区，绝缘子水泥胶合剂每年都会经受一次冻融循环，而这也无疑会加速环境对绝缘子的破坏作用，使绝缘子丧失原有机械性能。

（2）断裂韧性与冲击韧性。材料的断裂过程是一个非常复杂的过程，影响陶瓷材料断裂韧性的因素非常多，包括材料的气孔率、界面特点、温度等，同时，其断裂路径的发展对断裂韧性也会造成非常大的影响。由于试验条件与时间所限制，断裂韧性与冲击韧性不作为本试验的重点研究内容，而通过资料收集的方式进行。

（3）介电强度。对于绝缘子而言，其耐受电压一般比闪络电压高出许多，因此，其介电强度主要考虑其闪络电压的变化。而绝缘子的闪络电压的变化与其表面状况、空气介电常数有关。对于瓷和玻璃绝缘子，其表面一般涂有防水的釉层，表面状况不受温度影响，因此其闪络电压变化不会太明显；而对于复合绝缘子，硅橡胶材料由于其憎水性甲基的存在，伞裙具有优良的憎水性能，但是，在温度剧变条件下，其侧链甲基与空气发生氧化反应，生成亲水性基团，进而使得其表面憎水性被破坏，而憎水性的下降，极有可能导致其闪络电压的下降。同时，由于化学反应所引起的基团变化，也可能导致复合绝缘子表面电阻与绝缘电阻的变化。

（4）介电损耗。不同材料的介电常数随温度的变化都会产生变化，因此，温度剧变过程中，其介电损耗必然发生变化。但是，在经过温度剧变后，如果未对材料的结构造成明显影响，其介电损耗变化幅度并不大，特别是对瓷绝缘子。对于复合绝缘子，由于温度剧变的老化作用，其表面状况与材料基团发生变化，介电损耗也会产生相应的变化。特别是复合材料的充气式套管，其介电损耗角是需要重点关注的参数之一。

综上所述，温度剧变将导致绝缘子的机械、电气性能产生变化，为了能够客观地描述温度对绝缘子机械及电气性能上的影响，需要提取有效的特征量对其所产生的影响进行分析。按照标准进行试验，分别选取以下参量作为其机械、电气性能的影响特征量：

1）机械特性。主要是反映机械强度的参数，比如弯曲负荷、扭转负荷、内压力。

2）电气特性。

a. 介电强度：工频干耐受电压、工频湿耐受电压、雷电冲击电压。

b. 介电损耗：介质损耗角正切值。

3）其他特性，比如憎水性等。

6.1.3 试验方法

参考标准有 GB/T 23752《额定电压高于 1000V 电器设备用承压和非承压空心瓷和玻璃绝缘子》、GB/T 21429《户外和户内用电气设备空心复合绝缘子 定义、试验方法、接收准则和设计推荐》、DL/T 1048《标称电压高于 1000V 的交流用棒形支柱复合绝缘子——定义、试验方法及验收规则》、GB/T 8287.1《标称电压高于 1000V 系统用户内和户外支柱绝缘子 第 1 部分：瓷或玻璃绝缘子的试验》。

（1）弯曲负荷试验。

1）试验设备：万能试验机、绝缘子若干。

2）试验步骤：

a. 按照上述参考标准要求，将实验材料安装于万能试验机；

b. 在规定弯曲破坏负荷的 75% 以前，平稳而无冲击地增加负荷；

c. 在达到 75% 规定弯曲破坏负荷以后，以每分钟 35% ～ 100% 弯曲破坏负荷升高直至试品被破坏，此时的负荷值即为弯曲负荷值。

（2）扭转负荷试验。

1）试验设备：万能试验机、绝缘子若干。

2）试验步骤：

a. 按照上述参考标准要求，将实验材料安装于万能试验机；

b. 在规定扭转破坏负荷的 75% 以前，平稳而无冲击地增加负荷；

c. 在达到 75% 规定扭转破坏负荷以后，以每分钟 35% ～ 100% 扭转破坏负荷升高直至试品被破坏，此时的负荷值即为扭转负荷值。

（3）内压力试验。

1）试验设备：绝缘子试品若干。

2）试验步骤：

a. 使样品达到室温，然后灌入与室温相差 5℃ 的水，以避免在试验前引入额外的压力。

b. 向绝缘子内注水，使内部压力达到预设值，并保持恒压（60±2）s。

c. 以递增量为 0.1MPa 或 0.2MPa 的方式递增内压力值，直至绝缘子破损。

（4）工频干耐受试验。

1）试验设备：绝缘子试品若干、工频电压发生器。

2）试验步骤：

a. 按照上述参考标准要求，将绝缘子试品进行接线。

b. 先施加约 75% 规定试验电压，然后以每秒 2% 试验电压的速率上升至规定的耐受电压，保持 1min。

c. 若提前闪络，记录闪络电压，并迅速下降电压，但不要突然切断电源。

（5）工频湿耐受试验。

1）试验设备：绝缘子试品若干、工频电压发生器、淋雨设备。

2）试验步骤：

a. 按照上述参考标准要求，将绝缘子试品进行接线。

b. 按照上述参考标准要求的淋雨量及方式对绝缘子进行淋雨。

c. 先施加约 75% 规定试验电压，然后以每秒 2% 试验电压的速率上升至规定的耐受电压，保持 1min。

d. 若提前闪络，记录闪络电压，并迅速下降电压，但不要突然切断电源。

（6）雷电冲击电压。

1）试验设备：绝缘子若干、冲击电压发生器。

2）试验步骤：

a. 按照上述参考标准要求，将绝缘子试品进行接线。

b. 调整冲击电压发生器，使之产生标准雷电波波形，然后升高至规定的耐受电压，累计施加 15 次的冲击波，如果闪络次数不超过 2 次，即认为通过。

c. 若超过 2 次，则取闪络电压的平均值作为闪络电压值。

（7）介质损耗角正切试验。

1）试验设备：绝缘子若干、介损测试仪。

2）试验步骤：

a. 将待测器件连入介损测试仪，测量其介质损耗角正切值，测量过程中注意接线问题。

b. 多次测量，待结果稳定后，取 3 ～ 5 次测量结果平均值作为测试结果。

（8）憎水性试验。

1）试验设备：喷壶、绝缘子若干。

2）试验步骤：

a. 选取喷水壶，设置出水量，喷射 25 次以后，能在距离 25cm 的纸面上形成一个 20 ～ 30cm 直径的圆形水印。

b. 在距离复合绝缘子 25cm 处位置对复合绝缘子喷水，速度保持 1 ～ 2 次 /s，持续喷水 25 次，观察复合绝缘子水滴形状，并根据 HC 等级法 ❶ 在 30s 内完成判断。

6.2 气温剧变对电气设备的电气、机械性能影响

气温剧变对电气设备的电气、机械性能的影响是广泛而复杂的。首先，气温剧变是一种复杂的环境条件，会对电气设备起到加速老化作用，使其电气、机械

---

❶ HC 等级法用于材料憎水性试验中，表征憎水性状态。

性能劣化。其次，在气温剧变条件下，空气中的水蒸气在电气设备表面冷凝，出现凝露现象。2010 年 12 月 13 日，某 750kV 变电站某间隔 A 相 330kV 电流互感器发生爆炸，对事故原因进行分析后发现，此次电流互感器炸裂的原因为在气温剧变条件下电流互感器局部出现凝露所导致。同时，据巡线及守站人员介绍，多次在凌晨时分观察到复合绝缘子表面产生强烈的电晕放电现象，也可能与凌晨温度迅速降低而在绝缘子表面形成凝露有关。再次，由于电气设备各个材料的热膨胀系数不同，在气温剧烈变化的情况下，会出现应力集中现象，其机械强度也会因此降低，2008 年 3 月 20 日，某变电站在 220kV 母线倒换过程中，因 220kV 4 号主变压器某间隔隔离开关 A 相母线侧支柱瓷绝缘子发生断裂，引发 220kV 母线单相接地，进而造成了一起 220kV 地区变电站全停事故，在此次事故中，虽然绝缘子质量不合格是发生事故的主要原因，但是气温的剧烈变化也是此次事故的诱因之一。根据国家电网公司组织的对 110（66）～ 500kV 系统在运高压支柱瓷绝缘子运行情况的调查，绝缘子事故呈现北方多于南方，东部多于西北的分布，而且，每年 2 ～ 4 月和 12 月是支柱绝缘子事故的多发月份，均与环境温差较大有关系。

这些事故及现象说明，气温剧烈变化会对电气设备造成显著影响，下面从 4 个方面进行介绍：①气温剧变对憎水性及硬度试验；②气温剧变对机械性能影响；③凝露现象对电场影响；④气温剧变对电场特性影响。

6.2.1　试验研究

（1）温度循环试验。由于试验样品及试验条件的限制，本部分对退运的 110kV 复合绝缘子进行温度循环试验。试验绝缘子如图 6-1 所示，有 3 个试验样品，温度试验箱如图 6-2 所示。

根据 GB/T 2423.4《电工电子产品环境试验 第 2 部分：试验方法 试验 Db 交变湿热（12h + 12h 循环）》对交变湿热试验方法的要求，一次温度循环试验的定义为：由室温按照一定的速率上升至高温 T_1，待温度稳定后，在高温条件下暴露一段时间，再按同样的速率下降至低温 T_2，待温度稳定后，在低温条件下暴露一段时间，最后以同样速率回到室温。温度循环试验参数如表 6-1 所示。

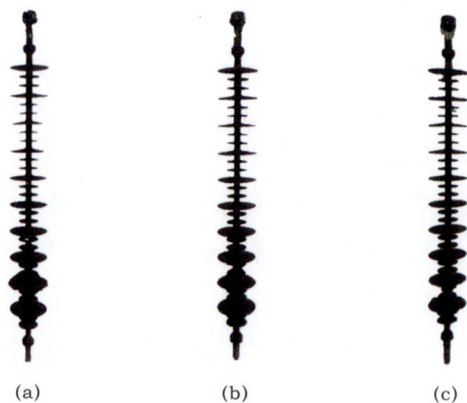

图 6-1　绝缘子样品

（a）1号绝缘子；（b）2号绝缘子；（c）3号绝缘子

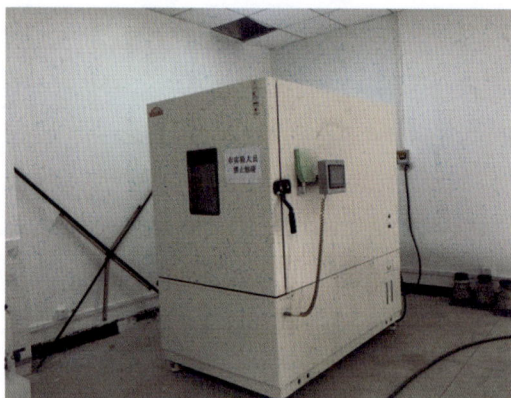

图 6-2　温度试验箱

表 6-1　　　　　　　　　　　　　　　　温度循环试验参数

项目	室温	升温速率	T_1	降温速率	T_2
数值	25℃	2K/min	80℃（10min）	2K/min	−40℃（10min）

　　试验过程中，一次温度循环所需时间大致为2h，累计进行50次温度循环试验。

　　（2）憎水性试验。在温度循环试验过程中，对复合绝缘子样品进行憎水性测量，观察温度剧变环境对复合绝缘子憎水性的影响。试验采用HC等级法对绝缘子的憎水性等级进行判别，其基本方法为：

1）选取喷水壶，设置出水量，喷射 25 次以后，能在距离 25cm 的纸面上形成一个 20～30cm 直径的圆形水印。

2）在距离复合绝缘子 25cm 处位置对复合绝缘子喷水，速度保持 1～2 次 /s，持续喷水 25 次，观察复合绝缘子水滴形状，并在 30s 内完成判断。

HC 等级法依据绝缘子表面水滴的形状及接触角对绝缘子憎水性进行判断，总共分为 7 级，HC1 憎水性最好，HC7 憎水性最差。HC 等级法对憎水性等级的判别依据如表 6-2 所示。

表 6-2   **HC 等级法憎水性判别依据**

憎水性等级	分级标准
HC1	仅有不连续的小水珠形成，大多数不连续小水珠接触角大于 80°
HC2	仅有不连续的小水珠形成，大多数小水珠接触角呈 50°～80°
HC3	仅有不连续小水珠形成，大多数水珠接触角呈 20°～50°，通常不是圆形
HC4	既能看到不连续小水珠，又能看到细水流形成的潮湿痕迹，完全湿润面积小于 2cm²，共同覆盖面积小于 90% 试验面积
HC5	局部完全受潮面积大于 2cm²，其覆盖面积小于 90% 试验面积
HC6	湿润面积覆盖率大于 90%，仍然能观察到很小的干燥面（斑点或痕迹）
HC7	整个试验面上式连续的水片

试验前，用乙醇清洗试验绝缘子，并在无尘环境静置 24h，测量初始憎水性，此后，每进行 5 次温度循环测量一次憎水性，直至 50 次温度循环试验全部完成。憎水性测量结果如表 6-3 所示，部分试验图片如图 6-3～图 6-5 所示。

表 6-3   **绝缘子憎水性变化情况**

测量编号	憎水性		
	1 号绝缘子	2 号绝缘子	3 号绝缘子
1	HC1～HC2	HC3～HC4	HC2～HC3
2	HC2～HC3	HC4	HC3
3	HC2～HC3	HC4	HC4～HC5
4	HC2～HC3	HC4～HC5	HC6～HC7

测量编号	憎水性		
	1号绝缘子	2号绝缘子	3号绝缘子
5	HC3 ～ HC4	HC5	HC6 ～ HC7
6	HC3 ～ HC4	HC5	HC6 ～ HC7
7	HC3 ～ HC4	HC5	HC6 ～ HC7
8	HC3 ～ HC4	HC5	HC7
9	HC4	HC5	HC7
10	HC4	HC5 ～ HC6	HC7
11	HC4	HC6	HC7

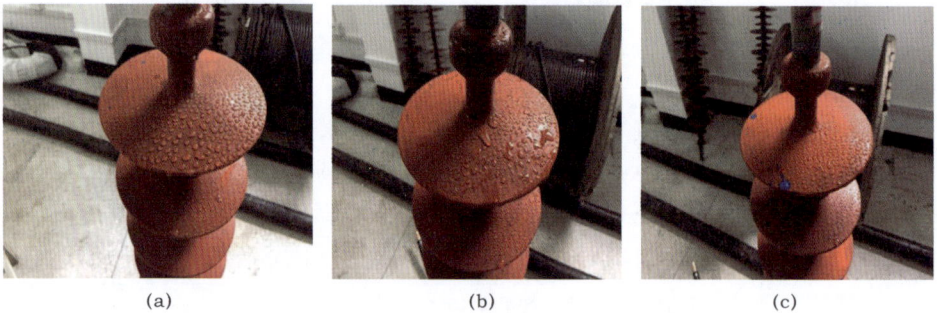

(a)　　　　　　　　　(b)　　　　　　　　　(c)

图 6-3　绝缘子初始憎水性

（a）1号绝缘子；（b）2号绝缘子；（c）3号绝缘子

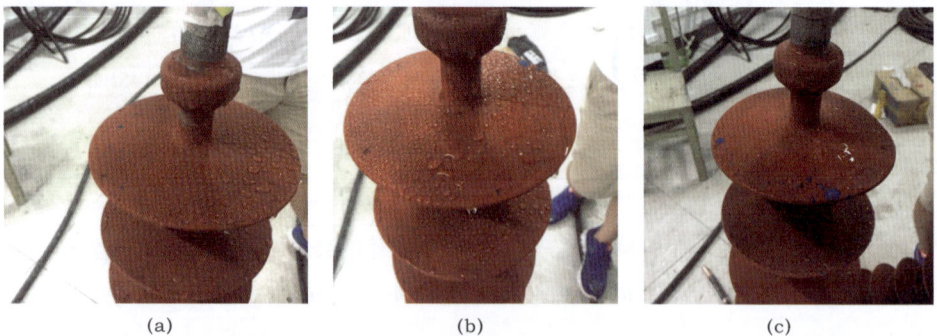

(a)　　　　　　　　　(b)　　　　　　　　　(c)

图 6-4　25次温度循环试验憎水性

（a）1号绝缘子；（b）2号绝缘子；（c）3号绝缘子

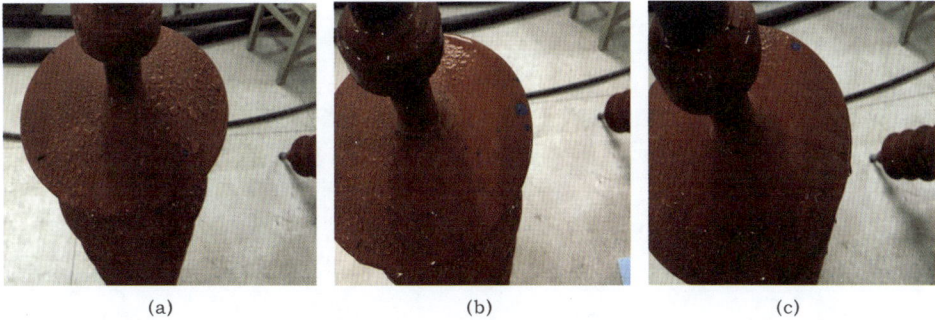

图 6-5　50 次温度循环憎水性

（a）1 号绝缘子；（b）2 号绝缘子；（c）3 号绝缘子

　　从测量结果可以看出，温度剧变环境对复合绝缘子表面憎水性产生了显著的影响，随着循环次数的增加，绝缘子憎水性不断下降，其中 2 号、3 号绝缘子憎水性完全丧失，这表明，温度是影响复合绝缘子表面憎水性的重要因素之一，处于大温差环境下绝缘子表面憎水性迅速下降，而复合绝缘子相较于传统的瓷及玻璃绝缘子的最大优势在于其憎水性所带来的防污闪能力，从而使得复合绝缘子在大温差环境下介电强度显著下降，从一个方面解释了许多不明闪络大多数发生在凌晨的原因。复合绝缘子的基本材料为甲基乙烯硅橡胶硅橡胶，由于其憎水性甲基排列在分子链外侧，从而使得其具有出色的憎水性。此外，在制备过程中，除了大分子链以外，还会产生一些分子量较小，长度较短的憎水性小分子链（low molecular weights，LMW），这种小分子链既能够从材料内部流动至材料外部，使得复合绝缘子获得憎水性恢复能力，同时还能够从复合绝缘子表面附着至表面的污秽上，即为复合绝缘子憎水性迁移能力。当对绝缘子进行温度循环试验时，在加热过程中，LMW 小分子链从绝缘子表面挥发，使其憎水性能下降，而在低温时，较低的温度阻碍了 LMW 分子的流动，使其憎水性恢复能力下降，因此经过温度循环之后，复合绝缘子表面的憎水性显著下降。

　　（3）硬度试验。复合绝缘子老化的标志之一即为伞裙硬化，随着使用时间的不断增长，复合绝缘子伞裙会逐渐出现硬化甚至龟裂的现象。试验利用邵氏硬度计对复合绝缘子 1 号伞裙（最上位置）的硬度进行测量，每次选取固定的五个点，测量其邵氏硬度并取平均值作为其硬度的测量结果。测量时，在进行温度循环试验之前，测量其初始硬度值，此后，每五次温度循环之后测量一次硬度值，结果如表 6-4 所示。

测量编号	邵氏硬度		
	1 号绝缘子	2 号绝缘子	3 号绝缘子
1	64.2	66	64.8
2	63.4	66.8	64.8
3	64.2	67.2	66.2
4	65.6	68.2	66.4
5	65	68.6	66
6	65.6	68.8	67.4
7	66.2	68.6	67.2
8	66.2	68.4	67
9	67	69.6	66.8
10	67	70.4	66.6
11	67.4	70.5	66.8

表 6-4 绝缘子硬度变化

  随着温度循环次数的增加，复合绝缘子伞裙硬度呈缓慢增长的趋势，这说明伞裙硬度与憎水性下降呈现正相关性。复合绝缘子伞裙硬度的上升主要与其交联现象相关。橡胶材料的交联主要分为物理交联与化学交联，物理交联是由填料与硅氧烷高分子间以相对化学键较弱的作用形成的，例如填料与硅氧烷分子的吸附作用；化学交联是指由分子链上的交联和分子链间的纠缠形成的。试验研究表明复合绝缘子的硬度与物理交联呈现明显的正相关性，与化学交联呈现出负相关性。在温度循环过程中，复合绝缘子的伞裙硬度上升，说明其物理交联较化学交联更为显著。事实上，温度剧变过中，能够提供的能量较低，约为 $1.2 \sim 2.9 kJ/mol$，无法使得其分子链之间发生明显的化学变化。

6.2.2　仿真研究

  （1）凝露现象对复合支柱绝缘子沿面电场分布影响仿真。凝露现象是指空气中的水蒸气预冷液化出水珠的现象，在实际工况中，许多复合支柱绝缘子的不明原因闪络现象均发生在温度骤减的凌晨时分，在这种环境下，绝缘子表面很容易形成凝露，对绝缘子的沿面电压分布造成影响。本部分利用 COMSOL Multiphysics 有限元软件对凝露现象对复合绝缘子的沿面电场分布进行仿真研究。

1）模型建立。为了节约计算资源，本次仿真针对 40.5kV 复合支柱绝缘子进行建模仿真，其基本尺寸参数如表 6-5 所示。利用 Solidwork 绘图软件对几何模型进行绘制，如图 6-6 所示。

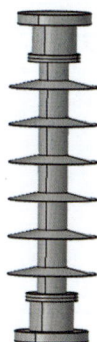

表 6-5　　　　绝缘子几何参数

高度 （mm）	伞裙半径 （mm）	伞裙间距 （mm）	棒芯半径 （mm）
440	65	50	20

图 6-6　绝缘子几何模型

由于仿真重点关注其沿面电场分布特性，对其内部精细结构不作仔细考虑，仿真主要材料及其参数如表 6-6 所示。

表 6-6　　　　　　　　　　　　主要材料及参数

参数	铸铁	水	空气	硅橡胶
介电常数	1×10^8	6	81	1
电导率（S/m）	1.12×10^7	2×10^9	5×10^{-1}	0

2）边界条件与网格剖分。采用静电场进行仿真，在上法兰顶面施加 33kV 工频电压，下法兰接地，同时在整个绝缘子外包裹以十倍于绝缘子体积的球形空气域，由于几何模型并不复杂，为了提高计算精度，对网格进行细化等级剖分，如图 6-7 所示。

3）凝露对复合绝缘子表面电场的影响。结合温度循环试验的结果来看，当憎水性处于 HC1 ～ HC2 等级时，绝缘子憎水性良好，凝露将主要呈接触角较大的分离小水珠的形式，

图 6-7　模型网格剖分

111

此时复合绝缘子的不易发生闪络，当憎水性降至 HC6 ～ HC7 时，绝缘子表面基本被水膜覆盖，本次仿真主要针对分离水珠对复合绝缘子表面电场的影响，因此主要针对憎水性等级在 HC3 ～ HC5 范围内凝露对复合绝缘子表面电场的影响。不同憎水性条件下凝露的形状、接触角及尺寸如表 6-7 所示，其几何模型如图 6-8 所示。

表 6-7　　　　　　　　　　　　　　不同憎水性水珠参数

憎水性等级	接触角（°）	形状	长度（mm）
HC3	45	水珠	6
HC4	30	水珠 / 水带	6/24
HC5	30	水带	34

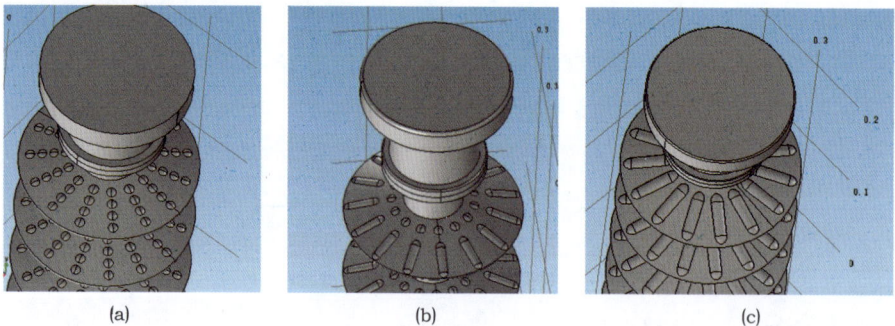

图 6-8　不同憎水性模型
（a）HC3；（b）HC4；（c）HC5

a. 干燥条件下绝缘子沿面电场。当处于正常条件时，绝缘子表面保持干燥，考虑峰值时刻即绝缘子两端承受最大电压时，其整体的电场分布如图 6-9 所示。从图 6-9（a）可以看出，绝缘子最大电场强度出现在法兰及法兰与硅橡胶结合位置的倒角处，电场强度为 $6.33 \times 10^6 \text{V/m}$。为了更好地分析绝缘子本身的沿面电场，忽略倒角处的电场集中现象，其电场分布如图 6-9（b）所示，绝缘子电场分布随着绝缘子高度的下降整体呈 U 型分布，两端高、中间低。其中 1 号伞裙（最上伞裙）和 6 号伞裙（最下伞裙）的电场是所有伞裙中最高的，也最容易产生电晕放电而引发闪络。因此，需对 1 号伞裙的沿面电场进行重点分析，特别是出现凝露时伞裙表面的电场情况。正常条件下，1 号伞裙沿面的电场及电势分布曲线如图6-10所示，其电场与电势均随着与棒芯距离变远而单调下降。

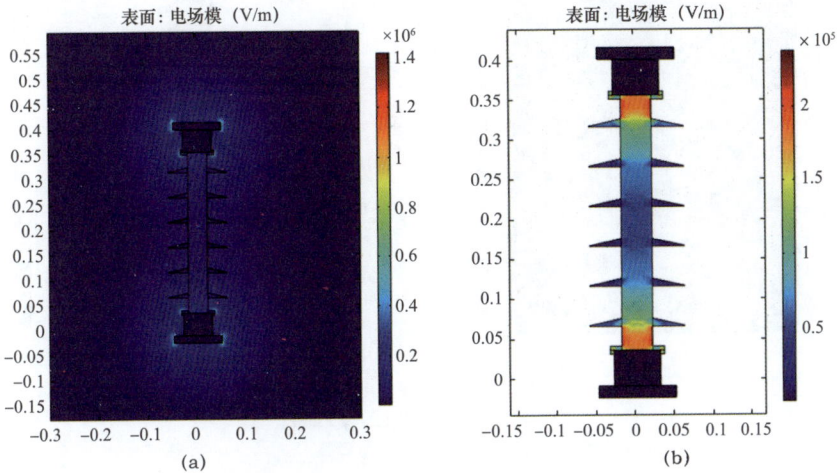

图 6-9　绝缘子截面电场分布
（a）整体电场分布；（b）绝缘子整体电场分布

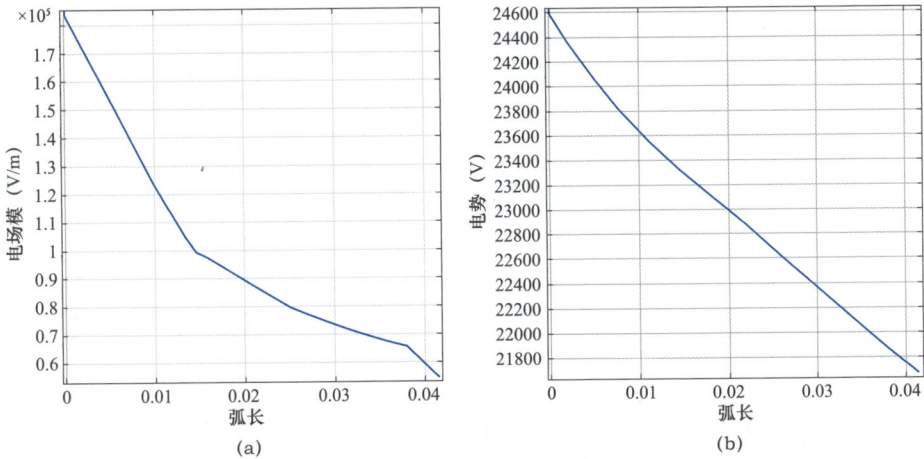

图 6-10　1号伞裙沿面电场与电势分布
（a）1号伞裙沿面电场；（b）1号伞裙沿面电势

b. 出现凝露绝缘子表面电场分析。当外界环境温度骤降时，绝缘子伞裙表面不可避免地会出现凝露现象，而复合绝缘子的憎水性与外界温度密切相关，温度低时，其憎水性会出现一定程度的下降。在憎水性等级为 HC3 时，其整体的电场分布如图6-11所示。

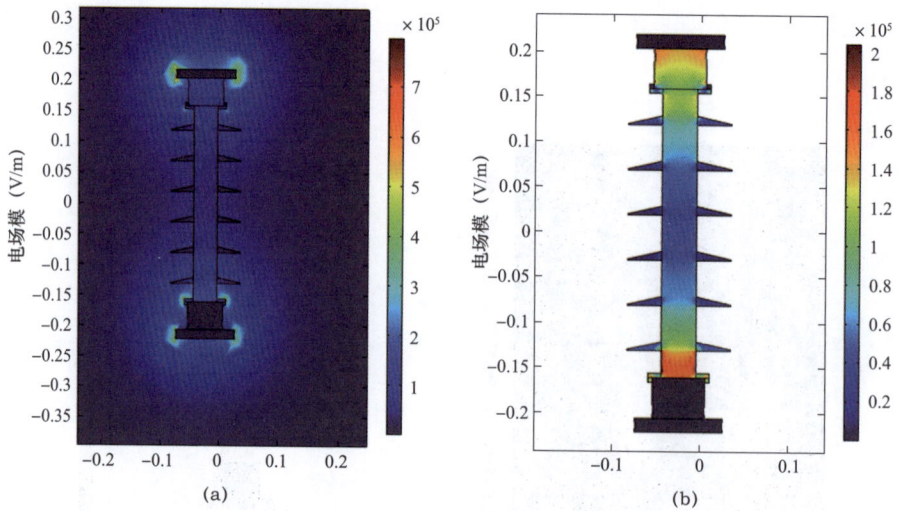

图 6-11　绝缘子电场分布

（a）整体电场分布；（b）绝缘子整体电场分布

　　HC3 憎水性等级下电场分布与正常条件下相比整体电场分布情况相近，在金属法兰处电场强度最大，电场强度为 1.22×10^6 V/m，最大电场强度出现了明显的下降。HC3 憎水性等级下 1 号伞裙表面的电场及电势分布如图 6-12 所示。

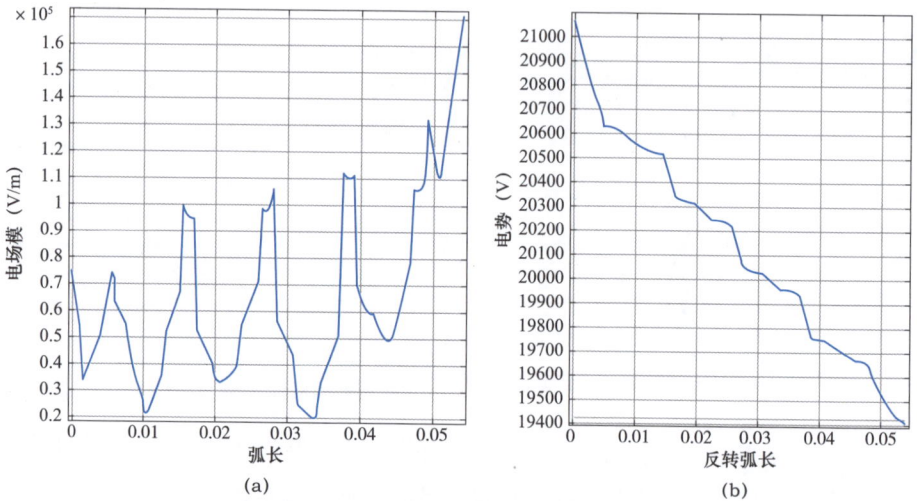

图 6-12　伞裙沿面电场及电势分布

（a）伞裙沿面电场分布；（b）伞裙沿面电势分布

在凝露、空气与硅橡胶材料三者的交界处出现了明显的电场集中现象，特别是在凝露的顶部。试验研究表明，当电场强度为（0.5～0.7）×10⁵V/m时，分离凝露表明即可能出现电晕放电，仿真结果表明，在HC3憎水性等级下，凝露表明电场强度可达 1.3×10^6 V/m，很可能在局部出现电晕放电，而电晕放电所释放的能力会对复合绝缘子伞裙造成老化，同时也会使得局部的憎水性出现进一步下降。

当复合绝缘子憎水性下降至HC4等级时，其表面电场的分布情况如图6-13所示。整体电场分布情况变化不大，最高场强出现在下法兰处，达到 3.05×10^6 V/m。

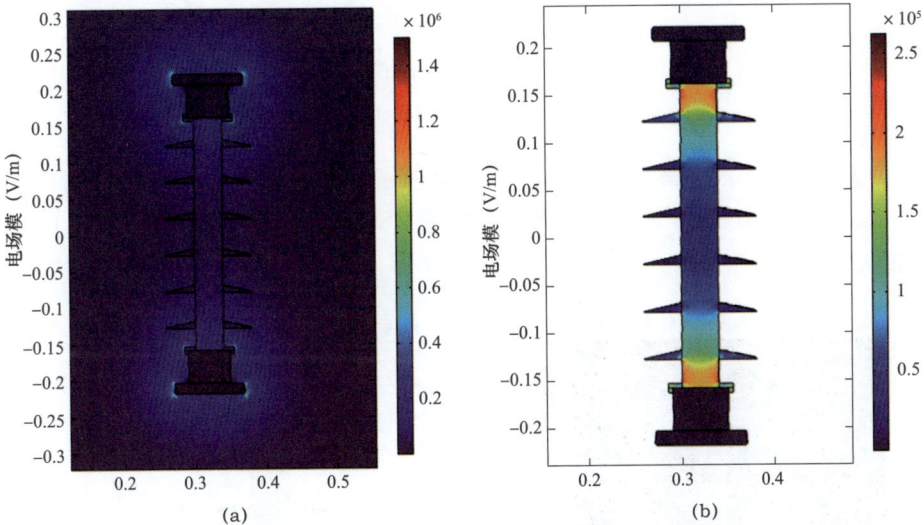

图 6-13　整体电场分布
（a）整体电场分布；（b）绝缘子整体电场分布

1号伞裙表面电场及电势分布如图6-14所示。

与HC3憎水性条件下一致，在空气、分离水珠、硅橡胶伞裙三者的交界面上出现了明显的电场集中现象，在分离水珠顶点位置，电场强度最高达到 2.5×10^6 V/m，其电场集中程度比HC3等级下更为明显，也更易引发电晕放电，从而使得表面憎水性进一步下降。

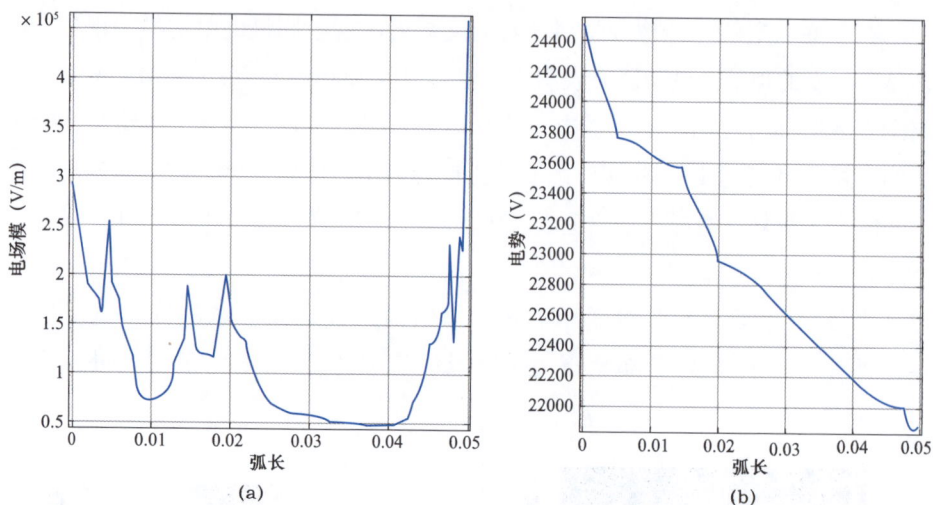

图 6-14　1 号伞裙电场及电势分布

（a）伞裙沿面电场分布；（b）伞裙沿面电势分布

当复合绝缘子憎水性等级下降至 HC5 时，其整体电场的分布如图 6-15 所示。最大场强出现在下法兰处，最大场强为 $2.84 \times 10^7 \text{V/m}$，相较于 HC3 与 HC4，其最大场强进一步上升。

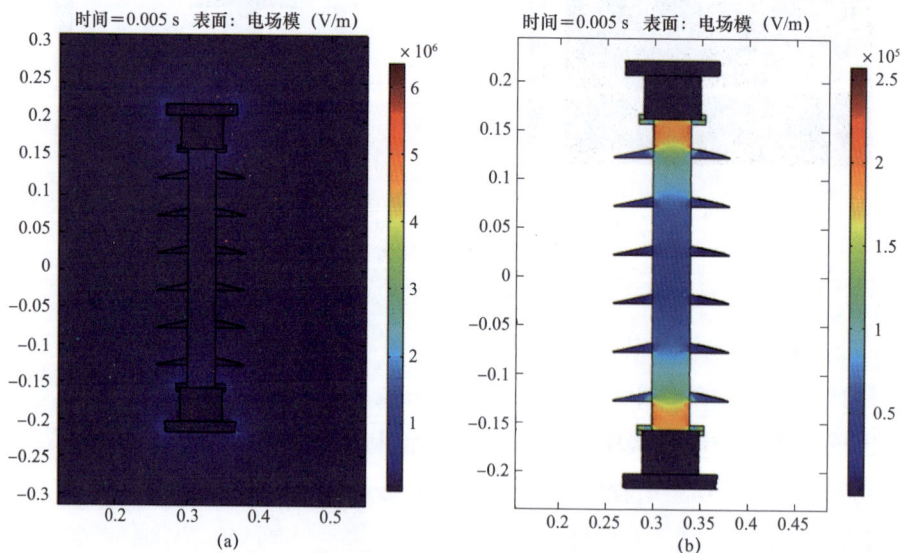

图 6-15　整体电场分布

（a）整体电场分布；（b）绝缘子整体电场分布

HC5 等级下 1 号伞裙的电场及电势分布如图 6-16 所示。

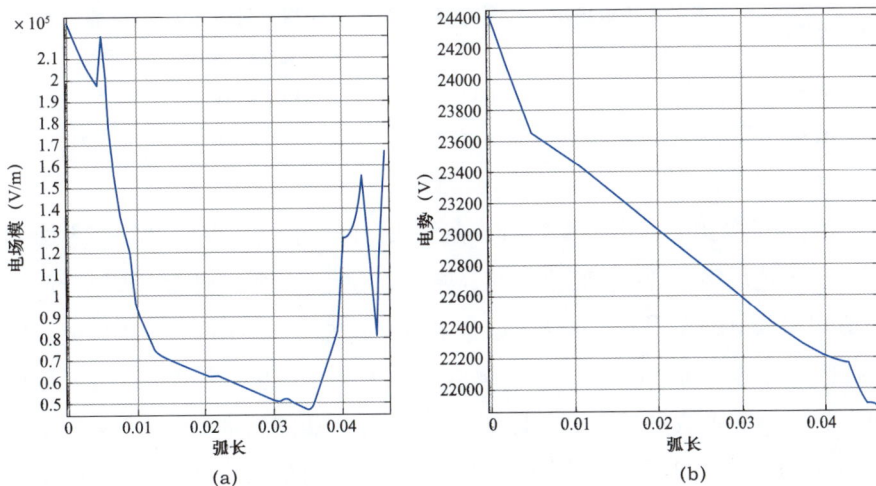

图 6-16 1 号伞裙电场及电势分布
（a）伞裙沿面电场分布；（b）伞裙沿面电势分布

同样的，在空气、水珠以及硅橡胶伞裙三者的交界面上，出现了明显的电场集中现象，最高场强达到 $2.2 \times 10^6 \text{V/m}$，与 HC3 等级相比，其集中程度更加明显，易形成电晕放电。

4）凝露条件下绝缘子闪络机理分析。在不同的憎水性条件下，当复合绝缘子表面出现凝露现象时，不同憎水性下 1 号伞裙的表明电场均匀程度、伞裙与绝缘子支柱连接处场强、第一个分离水珠顶点的电场强度如表 6-8 所示，其中电场不均匀程度通过不均匀系数 f 及电场的方差 D 进行表示，即

$$f = E_{max}/E_{av} \tag{6-1}$$

$$D = \sqrt{\sum_{i=1}^{n} (E_i - E_{av})^2 / n} \tag{6-2}$$

式中：E_{max} 为最大电场强度；E_{av} 为平均电场强度；E_i 为第 i 点处电场强度；n 为剖分得到的节点数。

表 6-8   不同憎水性下 1 号伞裙的电场强度

憎水性等级	1 号伞裙电场不均匀系数	1 号伞裙电场方差	支柱与 1 号伞裙连接点场强（V/m）	分离水珠顶点电场（V/m）
干燥	2.12	32535.19	1.84×10^5	1.48×10^5
HC3	2.17	26064.27	7.50×10^4	7.43×10^4

憎水性等级	1 号伞裙电场不均匀系数	1 号伞裙电场方差	支柱与 1 号伞裙连接点场强（V/m）	分离水珠顶点电场（V/m）
HC4	2.49	60222.69	2.94×10^5	2.54×10^5
HC5	2.37	53221.10	2.27×10^5	2.21×10^5

当绝缘子伞裙表面出现凝露时，在水珠、硅橡胶与空气三者的交界面上出现了明显的电场集中现象，特别是在分离水珠的定点位置，可能出现电晕放电现象，在电晕放电的作用下，水珠附近伞裙的憎水性进一步下降，使得分离水珠的接触角变下，湿润面积更大，而继续增大水珠顶点的电场强度。这可能导致分离水珠之间首先形成贯穿性的放电通道，为整个伞裙的闪络提供条件与通道。同时，在电场力的作用下，分离水珠会沿电场方向被拉长，使得原本分离的水珠连成整体，为贯穿性闪络提供放电通道。

5）分离水珠电导率对绝缘子沿面电场的影响。表 6-9 为 HC4 等级，不同电导率条件下 1 号伞裙沿面电场分布情况，可以看出，电导率变化对绝缘子电场分布的影响并不显著。

表 6-9 不同电导率下伞裙电场分布特性

电导率（μS/cm）	伞裙与支柱交点电场（V/m）	水珠上顶点（V/m）	水珠下顶点（V/m）	水带上顶点（V/m）	水带下顶点（V/m）
100	2.94×10^5	2.54×10^5	1.89×10^5	2.00×10^5	2.32×10^5
500	2.94×10^5	2.54×10^5	1.89×10^5	2.00×10^5	2.32×10^5
1000	2.94×10^5	2.54×10^5	1.89×10^5	2.00×10^5	2.32×10^5
2000	2.94×10^5	2.54×10^5	1.89×10^5	2.00×10^5	2.32×10^5
3000	2.94×10^5	2.54×10^5	1.89×10^5	2.00×10^5	2.32×10^5
5000	2.94×10^5	2.54×10^5	1.89×10^5	2.00×10^5	2.32×10^5

（2）温度剧变下绝缘子机械性能仿真。由于瓷支柱绝缘子的构成材料不同，不同材料的热膨胀系数也不尽相同，因此在温度剧烈变化的环境中，瓷支柱绝缘子本身即会因为温度变化而出现应力集中的现象，同时，瓷支柱绝缘子作为支撑器件，还会经受各种机械应力作用，因此需要对其在温度剧变条件下的应力情况

进行分析。

1）模型建立。仿真主要参照40.5kV瓷支柱绝缘子进行建模，主要材料包括瓷质、铸铁法兰、水泥胶合剂，先通过Solidwork软件对瓷支柱绝缘子的集合模型进行绘制，并导入Comsol有限元仿真软件进行计算，主要尺寸参数与材料参数如表6–10和表6–11所示。其中，热膨胀系数用以表示温度变化条件下物体的胀缩现象，是指单位温度变化所导致的体积变化；杨氏模量是描述固体材料抵抗形变能力的物理量，指材料受力时应力与应变的比值，也叫弹性模量；密度是指单位体积材料的质量；泊松比是指材料在单向受拉或受压时，横向正应变与轴向正应变的绝对值的比值，也叫横向变形系数，是反映材料横向变形的弹性常数。

表 6–10 瓷支柱绝缘子尺寸参数

主要参数	结构高度	大伞裙半径	小伞裙半径	支柱半径
数值（mm）	560	120	110	53

表 6–11 主要材料参数

材料	瓷质	法兰	水泥
热膨胀系数（K^{-1}）	0.55×10^{-6}	12.2×10^{-6}	9×10^{-6}
杨氏模量（MPa）	6×10^{4}	2×10^{5}	3×10^{4}
密度（kg/m³）	2600	7870	2300
泊松比	0.17	0.29	0.215

瓷支柱绝缘子的几何模型与绝缘子中心剖面图如图6–17所示。水泥胶合剂层厚度为5mm。其中A点为法兰与瓷质的接触位置，B点水泥胶合剂与法兰的接触位置，C点为下瓷柱根部位置，D点为上瓷柱根部位置。

为了提高计算精度，网格剖分采用细化等级，如图6–18所示。其中，初始温度为20℃，即在20℃下不存在热胀冷缩所带来的应力，同时，参照GB/T 8287.1《标称电压高于1000V系统用户内和户外支柱绝缘子　第1部分：瓷或玻璃绝缘子的试验》对支柱绝缘子进行试验，将下端金属法兰固定，而在上法兰对应位置施加响应的载荷进行机械性能仿真。

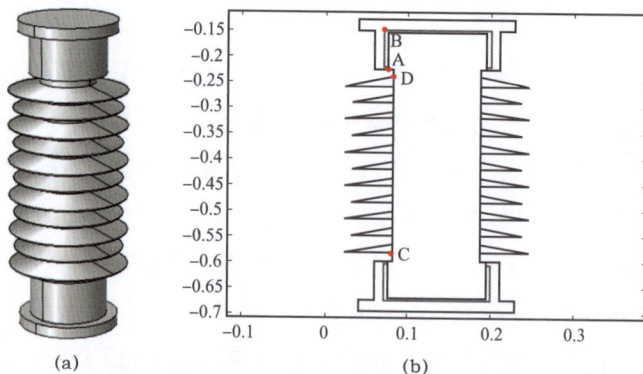

图 6-17　瓷支柱绝缘子及其中心剖面

（a）瓷支柱绝缘子；（b）中心剖面图

图 6-18　网格剖分

2）不同温度下的应力情况。随着物体的温度变化，由于热胀冷缩将导致物体产生线性应变，不同物体的热膨胀系数的不同，物体在膨胀或收缩过程中将不可避免地受到其他物体的限制而产生应力。物体的线性应变可通过式（6-3）进行计算，即

$$\varepsilon = \alpha(T - T_0) \tag{6-3}$$

式中：α 表示温度膨胀系数；T 表示当前温度；T_0 为初始温度。此时，产生的温度应力 σ 可以由式（6-4）进行计算，即

$$\sigma = D\varepsilon \tag{6-4}$$

式中：D 为弹性矩阵。

由于材料热膨胀系数的差异，不同温度下瓷支柱绝缘子会出现应力集中的现象，特别是水泥胶合剂位置，本身也是瓷支柱绝缘子断裂事故最容易产生的位置。为了研究瓷支柱绝缘子在温度剧变条件下的应力情况，对 -40 ～ 80℃ 温度条件下瓷支柱绝缘子应力变化进行仿真，其中，高温（80℃）、低温（-40℃）条件下的瓷支柱绝缘子中心剖面的应力、应变分布如图 6-19 和图 6-20 所示。由于仿真时对下法兰进行了固定，与其他位置相比，下法兰处会出现较大的应力集中现象，影响后续分析，因此对其进行隐藏，导致下方水泥胶合剂应力、应变在显示上并未出现应力集中，实际上下方水泥胶合剂也存在这种现象。

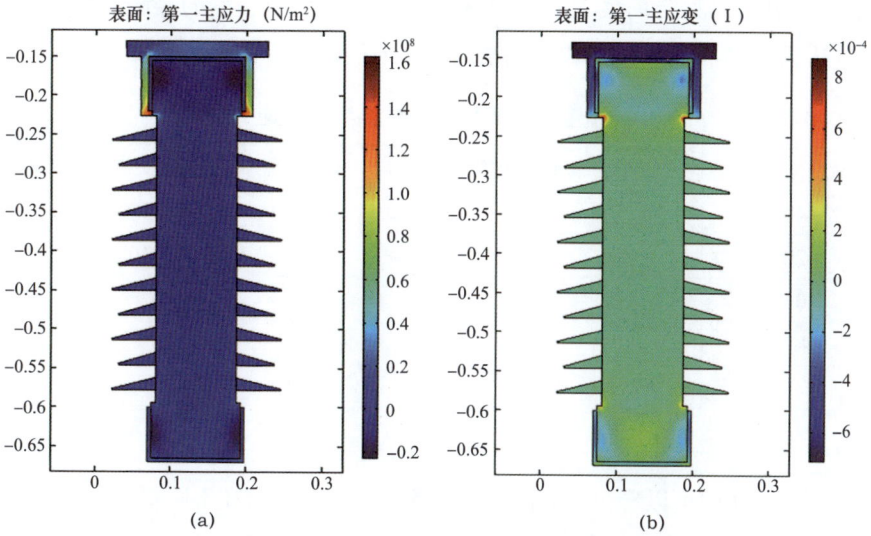

图 6-19　低温（-40℃）瓷支柱绝缘子中心剖面应力和应变
（a）应力情况；（b）应变情况

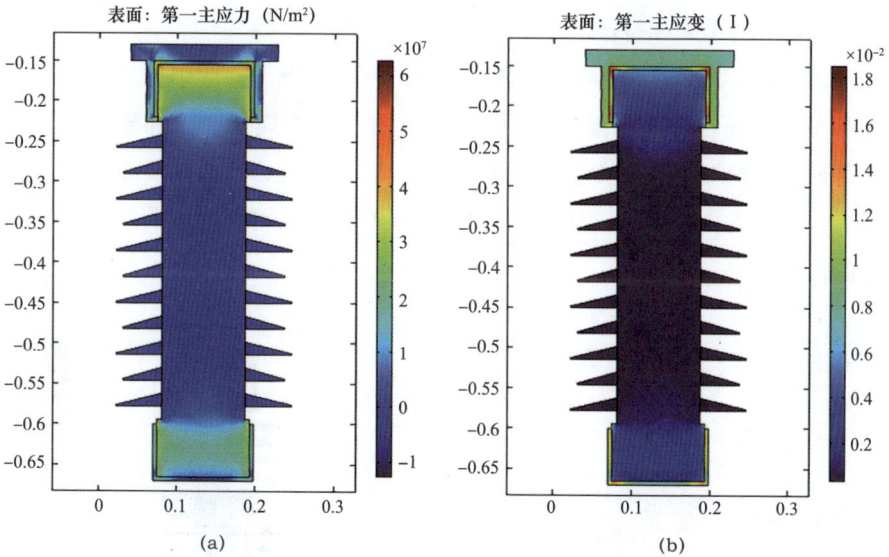

图 6-20　高温（80℃）瓷支柱绝缘子中心剖面应力和应变
（a）应力情况；（b）应变情况

当支柱绝缘子处于高温或者低温环境时，在水泥胶合剂位置应力会明显变大。表 6-12 为不同温度下（20℃为初始环境温度）瓷支柱绝缘子受力情况计算结果。其中水泥胶合剂最大应力出现在水泥胶合剂与法兰的接触位置（B 点），法兰与瓷质交界面最大应力出现在法兰与瓷质的接触位置（A 点）。

表 6-12　　　　　　　　　　　温度变化条件下瓷柱绝缘子的应力情况

温度（℃）	水泥胶合剂最大应力（MPa）	法兰、瓷质交界面最大应力（MPa）
-40	72.4	1.68×10^2
-20	48.3	1.12×10^2
0	24.1	56.2
40	9.19	24.7
60	18.4	49.4
80	27.6	74.1

从表 6-12 中可以看出，无论在低温还是高温环境，在不同材料的接触位置，会出现明显的应力应变集中现象，且温度变化与应力的关系近似呈线性关系，如图 6-21 所示。温度变化越剧烈，应力应变值越大，并且低温环境所带来的影响比高温环境更为恶劣。在实际运用过程中，水泥胶合剂部位是断裂事故的高发位置，也与仿真的结果相符。

3）温度剧变条件下绝缘子受弯曲载荷的应力情况。参照国标对支柱绝缘子弯曲载荷试验流程，将下端金属法兰固定，在上部金属法兰施加弯曲载荷，目前，普通瓷质绝缘子的最大弯曲载荷要求为 4kN，因此，在法兰顶部施加 4kN 的横向力，如图 6-22 所示。可以看到，瓷支柱绝缘子在 4kN 的弯曲载荷下发生了明显的位移变化。

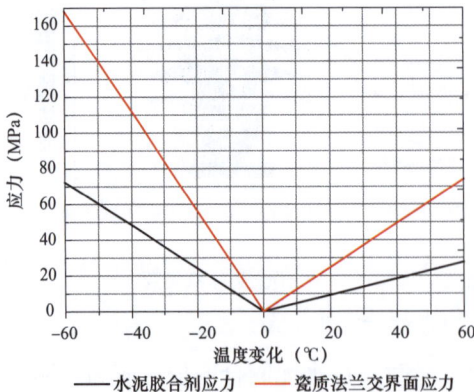

图 6-21　应力与温度变化程度的关系

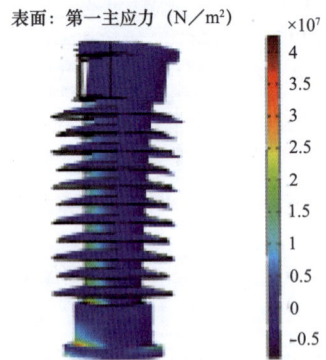

图 6-22　瓷支柱绝缘子的受力位移情况

当外界环境温度急剧变化时，瓷支柱绝缘子不仅需要承受弯曲载荷的作用，同时，也需要承受温度变化本身所带来的应力，其在 –40℃、20℃、80℃中心剖面的应力情况如图 6–23 和图 6–24 所示。不同温度条件下瓷柱根部的最大应力变化如表 6–13 所示，当承受弯曲载荷时，高温与低温的环境作用所造成的影响是相反的，在低温时，瓷柱本体的最大应力随着温度的降低而增大，而在高温条件下，瓷质本体的所承受的应力随温度的上升而减小，这说明在低温条件下，材料遇冷收缩所产生的应力与弯曲载荷所产生的应力产生叠加作用，而受热膨胀所产生的应力与弯曲载荷所产生的应力相互抵消。

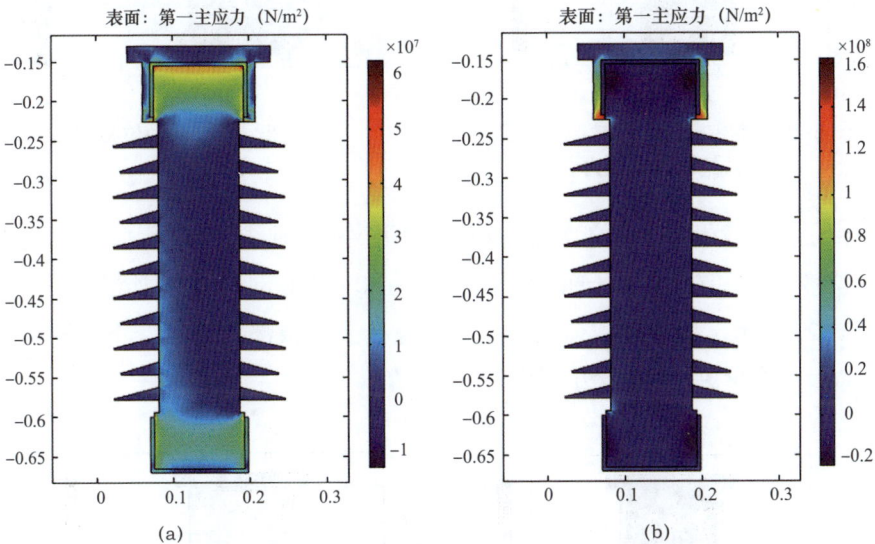

图 6–23　不同温度下弯曲载荷下瓷支柱绝缘子应力
（a）高温条件（80℃）；（b）低温条件（–40℃）

表 6–13　　　　　　　不同温度下施加弯曲载荷的瓷柱最大应力

温度（℃）	–40	–20	0	20	40	60	80
瓷柱最大应力（MPa）	50	42.7	35.4	28.1	28.9	13.8	11.3

4）温度剧变条件下受扭转载荷应力应变情况。参照 GB/T 8287.1 对支柱绝缘子扭转载荷试验流程的规定，将下端金属法兰固定，在上部金属法兰施加扭转载荷，目前，普通瓷质绝缘子的最大扭转载荷一般为 1.2kN·m，因此，在法兰顶部施加 1.2kN·m 的扭转载荷，如图 6–25 所示。

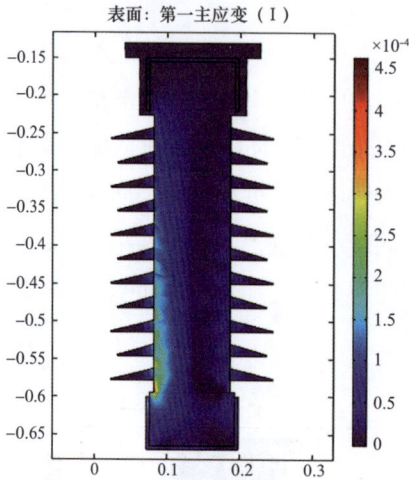

图 6-24　常温条件下弯曲载荷下瓷
支柱绝缘子的应力

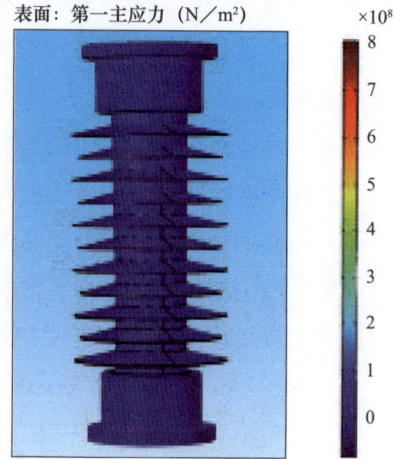

图 6-25　扭转载荷位移图

由于扭转载荷所产生的效果为支柱绝缘子绕中心轴线旋转，因此不会产生明显的位移变化。支柱绝缘子在 −40℃、20℃、80℃ 中心剖面的应力情况如图 6-26和图 6-27 所示，在扭转载荷的作用下，瓷柱上瓷根部（D 点）、下瓷根部（C点）以及各个伞裙根部都会出现应力集中现象。

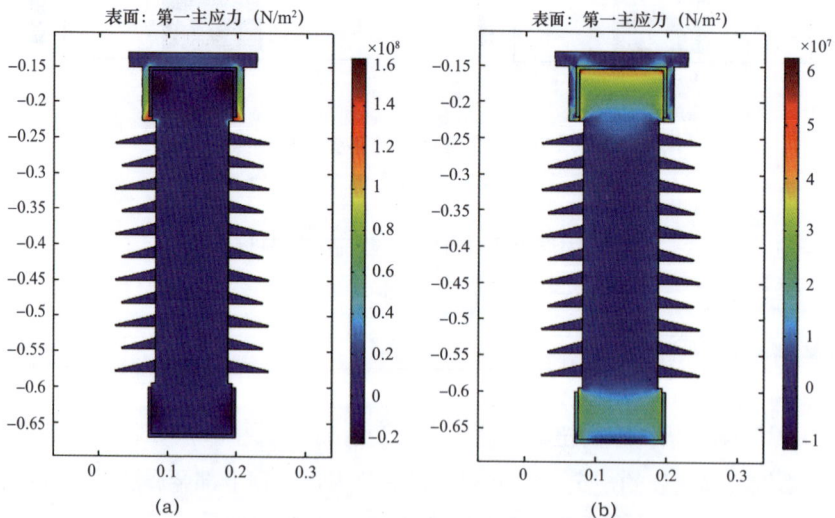

图 6-26　不同温度情况扭转载荷下瓷支柱绝缘子面应力
（a）高温条件（80℃）；（b）低温条件（−40℃）

在常温条件下，扭转应力会使得支柱绝缘子在伞裙根部、瓷体根部产生应力集中现象，而随着温度变化的加剧，这种应力集中现象更加明显。不同温度下瓷支柱绝缘子在扭转载荷下的应力分布如表6-14所示。温度变化程度与扭转应力关系图如图6-28所示，在扭转载荷下，温度升高所导致的应力集中现象比温度降低所带来的应力集中更为明显。

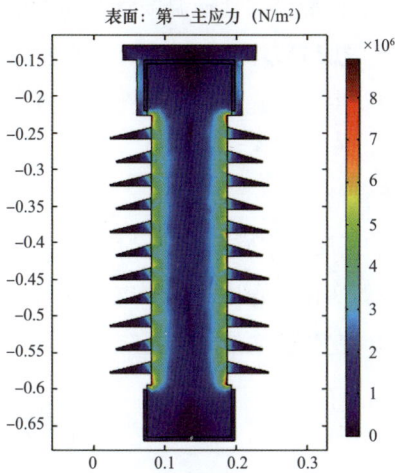

图6-27　常温（20℃）扭转载荷下瓷支柱绝缘子应力

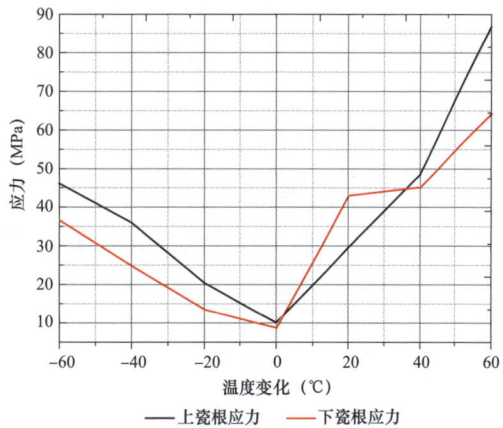

图6-28　温度变化程度与扭转应力关系

表6-14　　　　　　　　不同温度下瓷支柱绝缘子的扭转载荷应力情况

温度（℃）	上瓷根应力（MPa）	下瓷根应力（MPa）
−40	46.1	36.6
−20	36	24.8
0	20.4	13.5
20	10.1	8.76
40	29.5	43
60	48.5	45.2
80	86.8	64.3

5）瓷支柱绝缘子断裂机理。瓷质材料属于脆性材料，其断裂机理符合材料力学中第一强度理论，主要断裂原因是材料的最大应力（第一主应力）达到临界

值。根据第一强度理论，实际工况中，第一主应力为 σ_1，而材料的断裂最大应力为 σ_b，许用应力 $[\sigma]=\sigma_b/n$（n 为设计裕度），故第一强度准则可表示为

$$\sigma_{eq1} = \sigma_1 \leqslant [\sigma] \qquad (6\text{-}5)$$

式中：σ_{eq1} 为第一强度；σ_1 为第一主应力；$[\sigma]$ 为许用应力。

从仿真可以看出，随着环境温度的改变，瓷支柱绝缘子在外界载荷的作用下会产生变化，特别是在低温条件下，瓷支柱绝缘子下端根部会随温度降低应力集中情况不断加剧，使得瓷柱下端根部成为较易产生机械破坏的起始点，而在实际运行过程中，大多数瓷支柱绝缘子的断裂事故均发生在下瓷柱根部，符合仿真计算的结果。

（3）温度剧变对瓷支柱绝缘子沿面电场特性的影响。

1）温度对瓷质介电常数的影响。温度是影响瓷质介电常数的重要因素之一，当温度急剧变化时，瓷质的介电常数也会发生显著变化。瓷质的的介电常数与温度大致满足指数关系，其中一种常用硅质瓷的介电常数与温度之间的关系可表示为

$$y = 7.72 + 5.04e^{X/28.23} \qquad (6\text{-}6)$$

在 $-40 \sim 100℃$，其介电常数值如表 6-15 所示。

表 6-15　　　　　　　　　不同温度瓷质介电常数

温度（℃）	100	90	80	70	60	50	40	30
介电常数	9	8.33	7.85	7.49	7.23	7.04	6.88	6.77
温度（℃）	20	10	0	-10	-20	-30	-40	
介电常数	6.72	6.64	6.6	6.55	6.56	6.46	6.41	

2）模型建立。仿真主要参照 40.5kV 瓷支柱绝缘子进行建模，主要材料包括瓷质、铸铁法兰、水泥胶合剂。由于瓷支柱绝缘子为对称器件，因此采用二维轴对称模型对其进行建模。其几何参数如表 6-16 所示，除瓷质外，主要材料的介电常数如表 6-17 所示。绝缘子几何模型如图 6-29 所示。

表 6-16　　　　　　　　　瓷支柱绝缘子几何参数

主要参数	高度	大伞裙半径	小伞裙半径	支柱半径
数值（mm）	560	120	110	53

表 6-17		主要材料介电常数	
材料	空气	金属法兰	水泥
介电常数	1	1×10^8	4

3）网格划分与模型建立。采用静电场进行仿真，在上法兰顶面施加 33kV 工频电压，下法兰接地，同时在整个绝缘子外包裹以十倍于绝缘子体积的球形空气域，由于几何模型并不复杂，为了提高计算精度，对网格进行细化等级剖分，如图 6-30 所示。

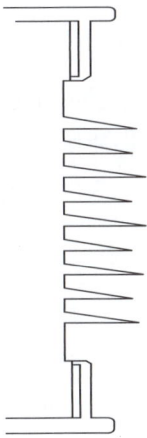

图 6-29　瓷支柱绝缘子二维轴
对称模型

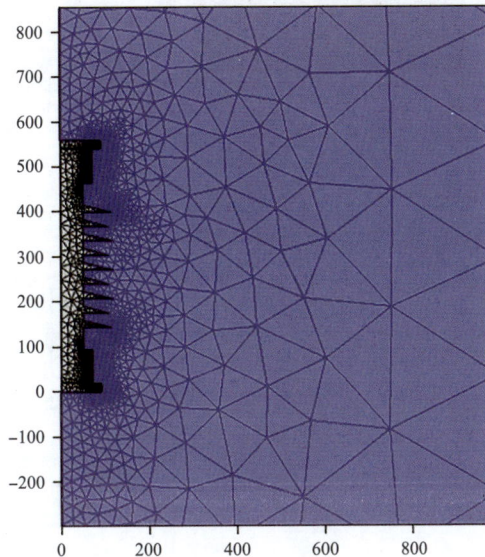

图 6-30　网格划分

4）瓷质介电常数变化对沿面电场特性的影响。空气的介电常数在 $-40 \sim 100℃$ 范围内变化不大，固定为 1，水泥位于瓷质绝缘子内部，对沿面电场几乎没有影响，因此采用定值 4，瓷质介电常数选取 $100℃$、$80℃$、$50℃$、$0℃$、$-40℃$ 下的介电常数进行仿真，同时，考虑介电常数为 1 和 20 两种极端情况。瓷支柱绝缘子的电场分布情况如图 6-31 所示。

瓷支柱绝缘子沿面电场情况如图 6-32 所示，电场整体呈 U 型分布，两端高，中间低，同时在伞裙上表面逐渐降低，在伞裙下表面又逐渐升高。

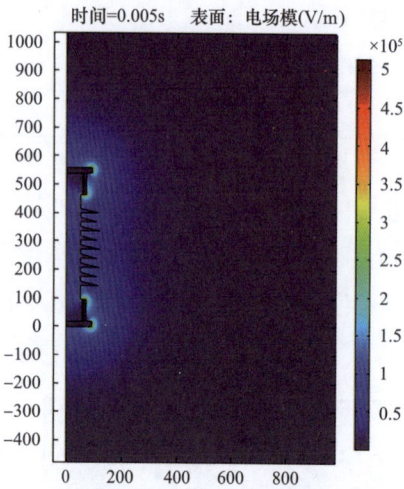

图 6-31　瓷支柱绝缘子电场分布

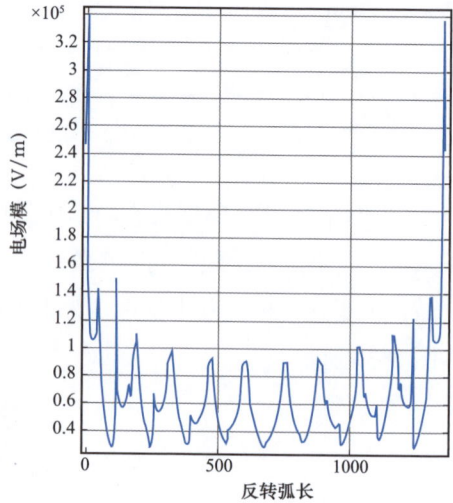

图 6-32　支柱绝缘子干弧路径电场

电场集中的在上下金属法兰处，同时在瓷质及金属法兰接触位置也出现了电场集中现象，对不同介电常数下最大场强、上端金属法兰与瓷质接触点场强、电势下降 50% 距离比重进行计算，以分析温度剧变所导致的瓷质介电常数变化对瓷支柱绝缘子沿面电场的影响（见表 6-18）。

表 6-18　　　　　　　　　　　　温度剧变对沿面电场的影响

介电常数	最大场强	接触点场强（V/m）	50% 压降距离比
1	5.71×10^5	1.57×10^5	47.54%
6.39	5.55×10^5	3.16×10^5	45.88%
6.6	5.54×10^5	3.18×10^5	45.87%
7.04	5.52×10^5	3.22×10^5	45.84%
7.85	5.50×10^5	3.28×10^5	45.81%
9	5.46×10^5	3.34×10^5	45.78%
20	5.25×10^5	3.59×10^5	45.74%

温度升高时，瓷支柱绝缘子中瓷质的介电常数增大，虽然整体的最大电场强度有所下降，但是瓷质与法兰的接触点场强增大，并且 50% 压降距离比减小，电场分布更加不均匀，因此，绝缘子出现闪络的概率也更大，而温度降低时，瓷质介电常数减小，电场分布也更加均匀。

6.3　温度剧变对油浸式设备密封性能影响

密封件是重要的机械基础元件，几乎所有的工业产品都无法离开密封件。为防止工作时被密封材料的外泄，以及在存储和运输期间防潮防腐，在各个结构系统连接部位都应有良好的密封。密封材料一般应具有良好的物理和机械性能、回弹性高、压缩永久变形小、密封可靠、加工方便和使用寿命长。密封材料的种类多种多样，包括金属材料（如铝、铅、铟、不锈钢等）和非金属材料（如橡胶、塑料、陶瓷、石墨等）。其中，橡胶材料具有独一无二的高弹性，橡胶基体的密封件密封性能优良，因此，油浸式设备密封件基本采用橡胶材料。

6.3.1　橡胶密封圈的材料

漏油是变压器、电容器等油浸式电力设备密封件出现的最常见故障，轻度的渗漏油影响外观，严重的漏油不但会降低电力设备的使用寿命，甚至有可能酿成灾难性的事故。

在实际使用过程中，油浸式设备的密封件使用环境较为恶劣，为了能够实现较为理想的密封，密封件所使用的橡胶材料应具有以下特点：

（1）适当的硬度和较好的压缩不永久变形性，从而保证变压器密封材料具有弹性及长久密封效果。

（2）较高的抗拉强度，从而使变压器密封材料与变压器金属结构配合良好。

（3）耐臭氧、耐气候老化性能优良，具有较强的阻止裂纹扩展能力，从而保证变压器密封材料的使用寿命。

（4）优良的耐油性，能抵抗变压器运行时高温油的浸泡，保证密封材料的体积、重量变化率小，从而使变压器密封材料的耐油密封效果长久。

（5）抗紫外线性能好，能抵抗日光下的紫外线的侵袭，使变压器密封材料不产生龟裂，确保有效的密封。

其中，硬度和压缩永久变形性是油浸式密封设备密封性能评价的关键指标。目前，油浸式设备的主要密封材料包括丁腈橡胶、丙烯酸酯橡胶、氯丁橡胶、三元乙丙橡胶、氟橡胶、硅橡胶。

（1）氟橡胶的各项性能是最佳的，能在200℃高温下连续使用，5年后仍能保持非常好的密封状态。但因其价格昂贵，很少在变压器等油浸式设备上使用。

（2）氯丁橡胶的耐油性较丁腈橡胶差，且压缩永久变形比较大。但由于氯丁橡胶具有优良的耐气候和耐臭氧老化性，因此在一些气候条件较恶劣的地区，仍在变压器上采用。

（3）丙烯酸酯橡胶由饱和烃组成，且有羧基，使其具有优异的耐热氧老化、耐油及耐热性（150℃可长期使用），特别适合于高温下的密封，目前倍受密封件行业的关注。但因丙烯酸酯分子结构决定了其具有不可抗拒的缺点，即橡胶交联程度低，导致橡胶在高温下承受伸长或压缩变形时，应力松弛和变形现象显著。由于其内在结构的约束以及丙烯酸酯硫化特性局限，对于那些要求在高温下承受较大拉伸或在压缩状态下使用的制品，丙烯酸酯橡胶不算十分适合。变压器、互感器等产品工作温度不是很高，采用丙烯酸酯橡胶作为密封基材有部分性能过剩，加之该胶种价格较贵，不具备最优的性能价格比。

（4）三元乙丙橡胶因其优异的耐老化、耐蒸汽及耐化学药品性能，在高压电器行业中的六氟化硫开关产品上得到了普遍采用，但因其耐油性差，不适宜在油浸式设备中使用。

（5）丁腈橡胶因其有优异的耐油性、优良的压缩不永久变形性能、适合变压器使用环境温度要求的耐温范围和适宜的价格，普遍在变压器、互感器等产品上所采用。是目前油浸式设备密封件所采用的主要材料，因此，此试验针对丁腈橡胶进行研究。

不同橡胶材料的优缺点如表6-19所示。

表 6-19   不同橡胶的优缺点

橡胶种类	丁腈橡胶	丙烯酸酯橡胶	氯丁橡胶	三元乙丙橡胶	氟橡胶	硅橡胶
优点	物理性能优越；耐磨、耐水、耐油；耐酸碱能力突出；120℃下可长期使用	耐气候性能突出；抗氧化能力强	耐气候能力强；物理强度大；耐油、耐水能力突出；粘连性能好	物理强度大；耐气候能力强；抗腐蚀能力强	耐老化能力强；电绝缘性能强；耐化学作用性能强	物理强度大；耐磨性好；弹性优良

橡胶种类	丁腈橡胶	丙烯酸酯橡胶	氯丁橡胶	三元乙丙橡胶	氟橡胶	硅橡胶
缺点	耐寒性能差；抗氧化能力弱；电绝缘性能不足	耐寒性能差；物理强度弱；电性能差	耐寒性能差；电绝缘性能差；稳定性差	弹性差；耐寒能力差；电绝缘性能差	制作难度大；耐油性能差；耐燃性能差	耐热、耐水性能差

6.3.2 橡胶密封圈的密封结构

目前密封橡胶圈的样式主要包括 O 形橡胶圈、V 形橡胶圈和 X 形橡胶圈。其中使用最为广泛的是 O 形橡胶圈，它的主要优势在于：

（1）适用多种密封形式：动态密封、静态密封；

（2）适用多种密封介质：水、油、空气；

（3）设计简单、拆装方便；

（4）适用温度范围广。

6.3.3 O 形橡胶密封圈密封原理及影响因素

（1）密封原理。O 形橡胶密封圈是一种常见的密封元件，它的截面形状为圆形。O 形橡胶圈的密封原理如图 6-33 所示。O 形橡胶密封圈属于挤压密封，在压力低的情况下，靠预压缩后产生的回弹力给密封接触面一定压力，达到密封目的；当介质压力增加时，O 形橡胶密封圈被挤向沟槽的另一侧，密封接触面加宽，堵塞液体通往低压区的通道，实现密封。对于 O 形橡胶密封圈，要想实现密封必须保证介质压力永远小于橡胶圈的接触压力。

（2）影响因素。

1）压缩量。对 O 形橡胶密封圈来说，压缩量的选取是十分关键的。压缩率大小直接影响其密封性能和使用寿命。压缩量过小，密封效果不好；压缩量过大对橡胶密封圈装配不利，增大运动摩擦阻力，同时缩短使用寿命。选取压缩量时应当注意：①要有足够的密封面接触压力；②摩擦力应尽量小；③应尽量避免永久性变形。

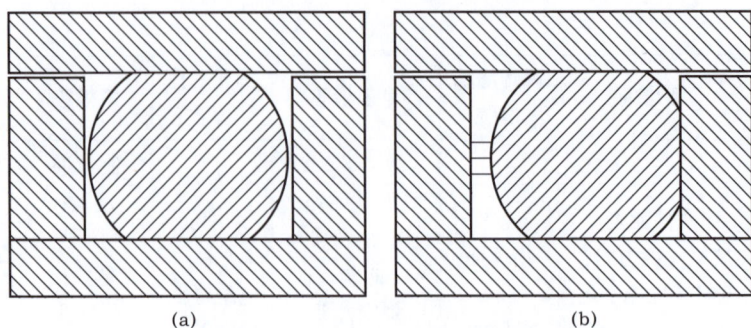

图 6-33 O形橡胶密封圈的密封原理
（a）低压力时密封；（b）压力增大时密封

2）密封间隙。若O形橡胶密封圈工作间隙过大，工作时，橡胶密封圈在油压或气压作用下，有一部分被挤入间隙，被挤入间隙的橡胶圈在拉伸和剪切作用下，其表面容易产生切割作用，O形橡胶密封圈容易被挤入密封间隙咬伤，导致泄漏。其间隙允许值与工作压力、O形橡胶密封圈橡胶硬度、端面直径大小有关，当工作压力大于O形橡胶密封圈承载的范围，需要加挡圈来改善橡胶密封圈的抗挤压能力，提高O形橡胶密封圈的使用寿命。

3）沟槽尺寸。安装沟槽尺寸对O形橡胶密封圈使用寿命有着重要影响，沟槽尺寸太宽，运动时的摩擦力产生的外力矩大于橡胶密封圈本身的抗扭能力时，橡胶密封圈会产生局部或整周翻转，翻转现象会使橡胶密封圈断裂，丧失密封能力；造成泄漏；如果沟槽太窄，将影响装配，同时装配时将O形橡胶密封圈挤入间隙咬伤，丧失密封作用。

4）外部环境。橡胶密封圈的使用环境也是O形橡胶密封圈密封性能的一个重要因素，在高温、高湿以及臭氧等恶劣环境下会使得橡胶密封圈加速老化，表面硬化甚至造成永久性的压缩变形，使得密封性能下降明显；特别是温度，由于橡胶材料的膨胀系数较金属材料要大很多，因此在不同温度环境下其应力情况也会发生明显变化，对O形橡胶密封圈的使用寿命造成较大影响。

6.3.4 温度剧变对O形橡胶密封圈密封性能的影响

O形橡胶密封圈的密封性能除了受到密封结构本身设计的影响外，外部环境，特别是温度变化所引起的应力变化对橡胶密封圈密封性能的影响也非常显著。为了探究温度剧变对O形橡胶密封圈密封性能的影响，对丁腈橡胶在温度剧变环境中表面硬度与压缩永久变形量进行了试验研究，同时利用 Comsol 有限元软件对 O 形橡胶密封圈在不同温度环境下的密封能力与应力情况进行了仿真研究。

（1）温度剧变对 O 形橡胶密封圈性能影响试验研究。

1）试验目的。对丁腈 O 形橡胶密封圈进行温度循环试验，探究丁腈橡胶密封圈在温度剧变环境下表面硬度以及压缩永久变形率的变化情况。

2）试验内容及步骤。对丁腈橡胶密封圈进行温度循环试验，循环次数累计进行 50 次试验，3 个样本，每进行 5 次循环试验测量一次样品的邵氏硬度与压缩永久变形率。

试验样品为丁腈橡胶密封圈，初始表面硬度为 71，橡胶截面直径为 3mm，橡胶密封圈直径 10cm，如图 6-34 所示。

a. 温度循环试验。温度循环方式按照从室温升温至高温 T_1 并维持一段时间，再降温到 T_2 并维持一段时间，最后恢复到室温的方式，温度循环方法如表 6-20 所示，采用的温度试验箱如图 6-35 所示。

表 6-20　　　　　　　　　　　　温度循环方式

项目	室温 （℃）	升温速率 （K/min）	T_1 （℃，10min）	降温速率 （K/min）	T_2 （℃，10min）
数值	25	2	80	2	−40

图 6-34　丁腈橡胶密封圈样品

图 6-35　试验用温度循环试验箱

b. 邵氏硬度测量。利用邵氏硬度计测量温度循环后样品的表面硬度，测量过程中，在密封橡胶圈等间距地选取 5 个点，测量其邵氏硬度值，并计算平均值作为样品的表面硬度值，所用邵氏硬度计如图 6-36 所示。

c.压缩永久变形率。根据 GB/T 7759.1《硫化橡胶或热塑性橡胶 压缩永久变形的测定 第 1 部分：在常温及高温条件下》规定，对温度循环试验后的丁腈橡胶的压缩永久变形进行测量，规定：①材料硬度小于 80，限制器设置压缩 25%±2%；②材料硬度为 81～89，限制器设置压缩 15%±2；③材料硬度大于 90，限制器高度设置压缩 10%。

图 6-36　邵氏硬度计

根据测量，样品的初始硬度为 71，截面直径为 3mm，因此对应压缩永久变形器限制器为 2.3mm，如图 6-37 所示。测量时应将橡胶圈从压缩永久变形器中取出静置半小时再进行测量。压缩永久变形率的计算式为

$$C = \frac{h_0 - h_1}{h_0 - h_s} \times 100\% \qquad (6-7)$$

式中：h_0 为试样初始高度，mm；h_1 为试样恢复后的高度，mm；h_s 为限制器高度。

3）试验结果与分析。

a.硬度。测量样品的初始硬度，此后，每进行 5 次温度循环试验，测量 1 次样品的表面硬度，试验结果如表 6-21 所示。从试验结果看，温度剧变对丁腈橡胶圈的硬度几乎没有影响。

图 6-37　压缩永久变形器

表 6-21　　　　　　　　　温度对丁腈密封橡胶圈硬度的影响

循环次数	1 号	2 号	3 号
5	71	71	71
10	71.2	71.3	71.1
15	71.2	71.2	71.3
20	71.2	71.3	71.3
25	71.4	71.3	71.4

循环次数	1号	2号	3号
30	71.4	71.4	71.3
35	71.4	71.4	71.3
40	71.3	71.4	71.4
45	71.4	71.3	71.4
50	71.3	71.4	71.4

b. 压缩永久变形率。每进行 5 次温度循环试验即测量样品的压缩永久变形情况，试验结果如表 6-22 所示。随着试验次数的增加，样品的压缩永久变形率显著上升。试验次数与压缩永久变形率的变化情况如图 6-38 所示，可以看出，随着试验次数的增加，压缩永久变形率变化几乎呈现线性增长，可以说明温度剧变对丁腈橡胶密封圈的影响非常显著。

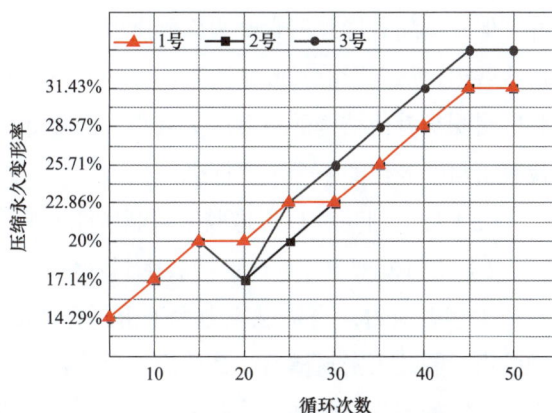

图 6-38　压缩永久变形随循环次数的变化

表 6-22　　　　温度对丁腈密封橡胶圈压缩永久变形率的影响

循环次数	1号	2号	3号
5	14.29%	14.29%	5.71%
10	17.14%	20%	17.14%
15	20%	21.43%	17.14%
20	17.14%	20%	20%
25	20%	17.14%	22.86%
30	22.86%	22.86%	22.86%
35	25.71%	25.71%	25.71%

135

循环次数	1号	2号	3号
40	28.57%	28.57%	31.34%
45	31.34%	31.34%	34.29%
50	31.34%	31.34%	34.29%

硬度和压缩永久变形率是影响橡胶密封圈密封能力的两个最重要指标。随着橡胶密封圈的老化，橡胶密封圈会出现表面硬度以及压缩永久变形率上升的情况。在一定程度上，橡胶密封圈的硬度越大，产生的应力也越大，密封效果也越好，但是，随着橡胶密封圈表面硬度的上升，其受力也越不均匀，对橡胶密封圈造成磨损，从而影响橡胶密封圈的使用寿命。而压缩永久变形率的增加会使得橡胶密封圈与其他结构的接触压力减小从而降低密封性能，压缩永久变形率增加是橡胶密封圈老化的一个重要标志。

（2）温度剧变对O形橡胶密封圈性能影响仿真研究。

1）几何模型建立。O形橡胶密封圈依靠弹性形变发挥作用，在密封接触面上产生接触应力，当接触应力大于密封介质的压力时，则不发生泄漏。当O形橡胶密封圈装入密封槽后，其截面承受接触压缩应力而产生弹性变形，对接触面产生一定的不均匀的初始接触密封压力，即使没有介质压力或者压力很小，O形橡胶密封圈也能靠自身的弹性力作用实现密封。当容腔内充入有压力的介质后，在介质压力 p 的作用下，O形橡胶密封圈发生位移，移向压力低的一侧，且其弹性形变进一步加大，填充和封闭了密封间隙，如图6-39所示。

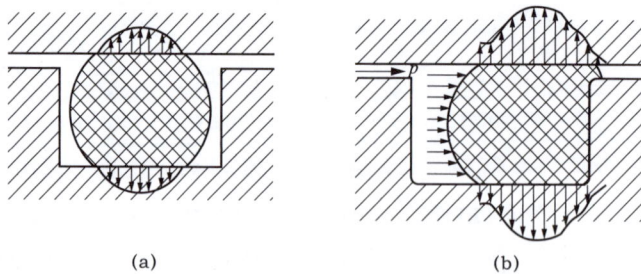

(a) (b)

图6-39 O形橡胶密封圈受力情况
（a）空载状态；（b）承载状态

136

根据橡胶密封圈的轴对称特性，采用二维轴对称的方式建模，实际建模采用最为常见的端面密封方式，如图 6-39 所示，O 形橡胶密封圈受到来自端面的安装预紧力的挤压，产生形变，在弹性力作用下，与接触面紧密接触，形成密封，如图 6-40 所示。

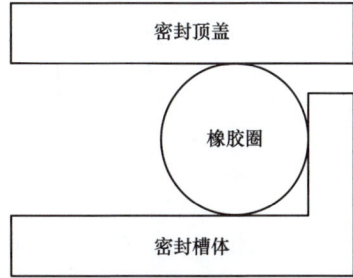

图 6-40　橡胶密封件几何模型

2）材料属性与网格划分。

a. 材料属性。密封顶盖与密封槽体均采用结构钢，其材料属性如表 6-23 所示。由于橡胶材料的热膨胀系数是结构钢的数百倍，因此忽略结构钢的热膨胀现象。

表 6-23　　　　　　　　　结构钢参数表

属性	密度 （kg/m³）	杨氏模量 （Pa）	泊松比	常压热容 [J/（kg·K）]	导热系数 [W/（m·K）]
数值	7850	$200e^9$	0.33	475	44.5

橡胶属于典型的超弹性材料，具有高度的非线性。对于超弹性材料，采用双参数模型作为本构模型，即

$$W = C_{10}\,(P_1-3) + C_{01}(P_2-3) \tag{6-8}$$

$$\lg E = 0.0198H - 0.5432 \tag{6-9}$$

$$E = 6\,(C_{10} + C_{01}) \tag{6-10}$$

$$C_{10} = 4C_{01} \tag{6-11}$$

式中：P_1 和 P_2 为应变不变量；C_{10} 和 C_{01} 为力学性能常数；H 为硬度；E 为弹性模量。经过试验测得，丁腈橡胶密封圈的硬度为 71，计算可得，弹性模量 $E=6.198$MPa，$C_{10}=1.45$MPa，$C_{01}=0.36$MPa，由于仿真过程只计算温度变化的稳态过程，因此对于材料的热传导率及常压热容的设置不需要关注，保持与结构钢一致即可，丁腈橡胶的主要参数如表 6-24 所示。

表 6-24　　　　　　　　　　　　　　　　丁腈橡胶材料属性

属性	C_{10}（MPa）	C_{01}（MPa）	泊松比	杨氏模量（MPa）	热膨胀系数（K^{-1}）
数值	1.45	0.36	0.499	6.198	$11.5e^{-5}$

b. 网格划分。对于非线性问题，网格划分是有限元计算的一个关键步骤，网格划分过大计算容易出现不收敛，网格划分过密导致非线性问题求解复杂。本模型主体采用自由剖分三角形，对于不同材料接触部分采用极细划分，如图 6-41 所示。

3）边界设置。密封件密封问题的边界设置分为 3 步：①在密封顶盖施加一个预压应力，给密封线圈一个初始的安

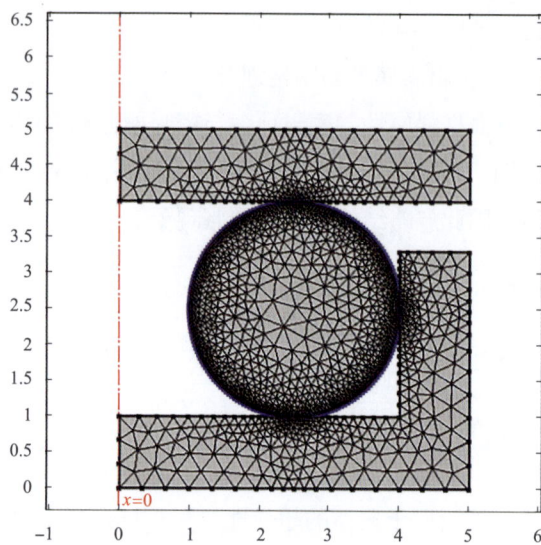

图 6-41　网格剖分

装过盈量；②对密封槽体进行固定约束；③在 O 形橡胶密封圈内侧施加油压 p。在试验中，通过对密封顶盖施加一个向下的位移来实现顶部预应力，通过在橡胶密封圈内侧施加一个水平方向的压力实现油压 p，所有边界载荷通过一个三角波函数逐步升至峰值，以避免计算不收敛的情况。

4）计算结果分析。

a. 温度。由于密封橡胶圈的膨胀系数比密封槽体的膨胀系数大许多，因此，在温度剧变的环境中，密封件的应力分布也会随着温度变化而出现显著的变化。试验仿真了环境温度在 -40 ～ 80℃变化过程中密封件应力的变化情况。

b. 无油压条件。橡胶密封圈安装时，首先在密封槽顶盖上施加初始安装过盈量，此时橡胶密封圈内侧油压为 0，其接触应力与范氏等效应力分布情况如图 6-42 所示。

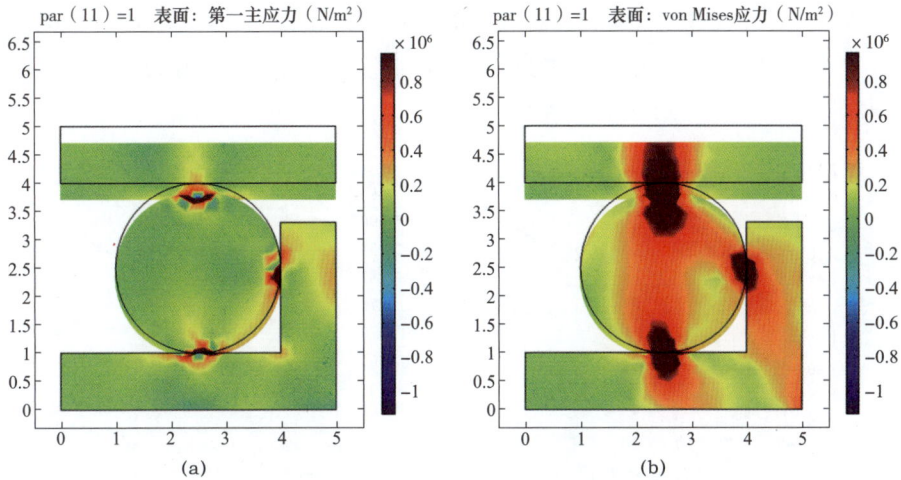

图 6-42　应力分布（无油压条件）

（a）接触应力；（b）范氏等效应力

在 -40 ～ 80℃温度变化范围内，橡胶密封圈最大接触应力与最大范氏等效应力的分布情况如表 6-25 所示，最大接触应力及最大范氏等效应力随温度的变化曲线如图 6-43 所示。

表 6-25　　　　　　　　　应力分布与温度关系（无油压条件）

温度（℃）	最大接触应力（MPa）	最大范氏等效应力（MPa）
-40	1.74	57.3
-20	1.80	63.1
0	1.86	69.2
20	1.92	75.4
40	1.98	81.5
60	2.04	87.5
80	2.10	93.4

随着温度的升高，最大接触应力与最大范氏等效应力都出现显著上升，且基本成线性关系，这说明温度对密封件的密封性能影响是显著的，接触应力越大，密封性能也就越优良，但是温度越高，最大范氏等效应力也会随之增大，过大的

范氏等效应力会使橡胶出现松弛，从而使得密封失效，从图6–43看出，范氏等效应力随温度变化较接触应力更为显著，因此需要避免密封件在过高温度环境下使用。

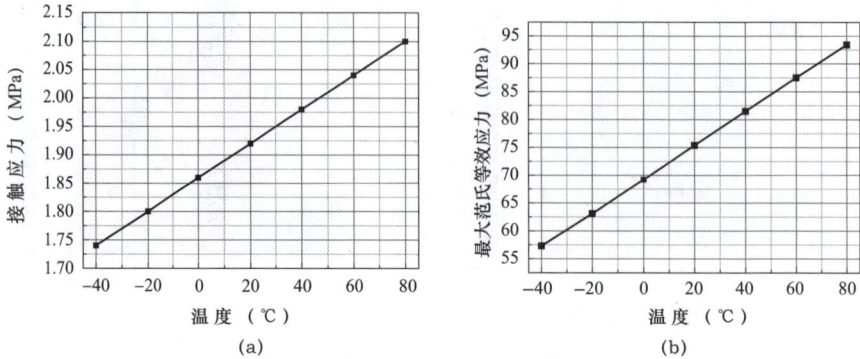

图 6–43　最大接触应力和最大范氏等效应力与温度的关系（无油压条件）
（a）接触应力；（b）最大范氏等效应力

c.有油压条件。在实际使用过程中，橡胶密封圈内侧会承受被密封介质水平方向的压力，当密封橡胶圈承受 1MPa 的压力时，在常温条件下，密封橡胶圈的接触压力与范氏等效应力分布情况如图 6–44 所示。根据 O 形橡胶密封圈的密封原理，做到密封的条件是接触应力大于橡胶密封圈内侧油压 p 即可。

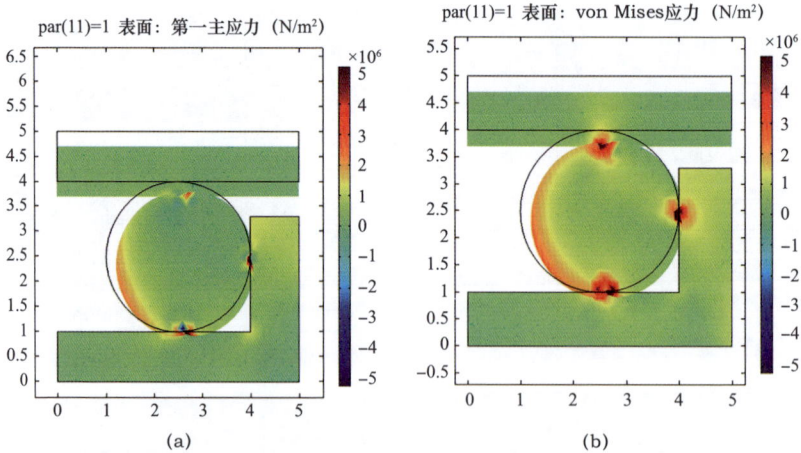

图 6-44　接触应力和范氏等效应力与温度的关系（油压条件）
（a）接触应力；（b）范氏等效应力

在 –40 ～ 80℃温度变化范围内，橡胶密封圈最大接触应力与最大范氏等效应力的分布情况如表 6-26 所示，最大接触应力及最大范氏等效应力随温度的变化曲线如图 6-45 所示。

表 6-26　　　　　　　　　　　应力分布情况（油压条件）

温度（℃）	最大接触应力（MPa）	最大范氏等效应力（MPa）
–40	3.29	91.9
–20	4.00	98.9
0	4.49	102
20	5.20	113
40	5.55	138
60	5.74	152
80	6.19	169

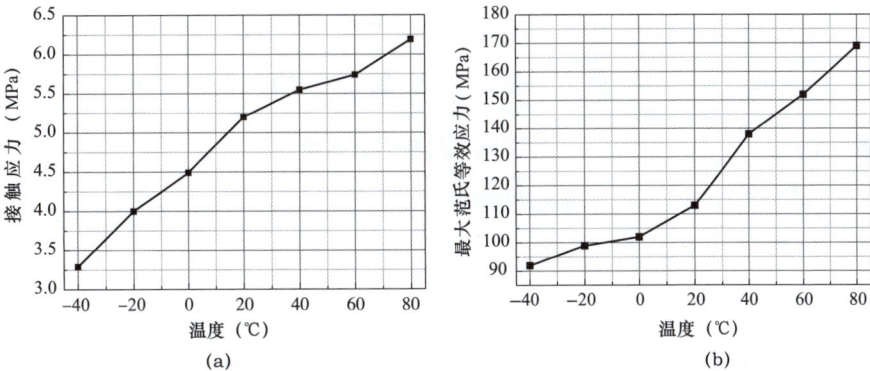

图 6-45　最大接触应力和最大范氏等效应力与温度的关系（油压条件）
（a）最大接触应力；（b）最大范氏等效应力

从图 6-45 可知，当存在 1MPa 油压时，接触应力随温度的上升而上升，同时接触应力值大于油压，能够实现良好密封，这说明温度越高，密封件的密封性能越优异；另一方面，温度升高时，最大范氏等效应力也随之上升，导致橡胶出现松弛现象从而使得密封能力下降。图 6-46 为有无油压条件下接触应力和最大范氏等效应力与温度的关系。

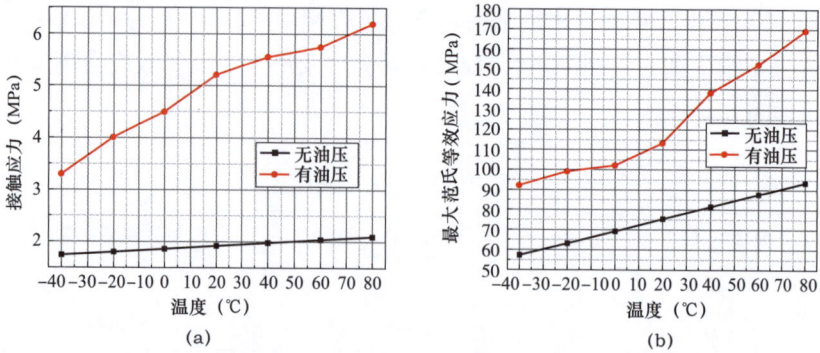

图 6-46　有无油压不同温度下最大接触应力与最大范氏等效应力

（a）最大接触应力；（b）最大范氏等效应力

d. 压缩率。橡胶密封圈压缩率即橡胶密封圈的初始安装过盈量，显然，初始安装过盈量越大，橡胶密封圈的密封效果越好，但是压缩率过高会使最大范氏等效应力显著增加，导致橡胶松弛，同时，压缩率增大则会使得橡胶的压缩永久变形增大，进而减小接触压力使得密封效果变差。

在温度为 20℃，接触压力为 1MPa 的条件下，初始安装过盈量分别为 10%、15%、20% 的最大接触应力与最大范氏等效应力分布如表 6-27 所示。

表 6-27　　　　　　　　　　　压缩率与应力分布关系

压缩率	最大接触应力（MPa）	最大范氏等效应力（MPa）
10%	5.2	75.4
15%	18.4	100.5
20%	35.7	167.7

在实际使用过程中，为了延长橡胶密封圈的使用寿命，一般将压缩率设置为 15% ～ 19%。

7 气温剧变条件下设备电气、机械及密封性能评价体系建立

根据前文所述，在气温剧变条件下，绝缘子以及密封设备的电气、机械及密封都更加容易出现劣化情况。与正常条件相比，其主要的电气、机械及密封性能的评价指标不会发生明显变化，但是其影响程度及具体参数指标则会发生明显的变化，因此需要针对气温剧变这一特殊条件对设备的电气、机械及密封性能建立相应的评价体系。

7.1 评价方法选取

目前，针对建立多参量评价体系主要使用的方法包括熵权法、层次分析法、德尔菲法、BP 神经网络。不同的方法依据其原理各有优劣，需要有针对性地选取最适合气温剧变条件下绝缘子设备的评价体系。

（1）熵权法。熵权法根据各评价对象的指标值来确定各指标权重，反映了指标间的相互比较关系。在有 m 个评价指标，n 个被评价对象的综合评价系统问题中，第 j 个评价对象的第 i 个指标的特征值为 X_{ij}，指标的特征值为

$$X = (X_{ij})_{m \times n} \tag{7-1}$$

为消除指标间不同单位的影响，计算各指标权重之前，要对每个评价对象进行归一化处理，即

$$y_{ij} = \frac{X_{ij} - X_{ij\min}}{X_{ij\max} - X_{ij\min}} \tag{7-2}$$

第 i 个指标的熵 H_i 可以定义为

$$H_i = -k \sum_{j=1}^{n} f_{ij} \ln f_{ij} \qquad (7\text{-}3)$$

$$f_{ij} = \frac{y_{ij}}{\sum\limits_{j=1}^{n} y_{ij}} \qquad (7\text{-}4)$$

$$k = \frac{1}{\ln n} \qquad (7\text{-}5)$$

则指标 i 的熵权 w_i 为

$$w_i = \frac{1 - H_i}{m - \sum\limits_{i=1}^{m} H_i} \qquad (7\text{-}6)$$

被评价对象的熵加权指标 G_i 为

$$G_i = \sum_{i=1}^{m} w_i \times y_{ij} \qquad (7\text{-}7)$$

G_i 的取值越大，表明所评价对象的综合评价值越高，设备的性能越良好。根据熵权法的原理，可以发现，熵权法具有以下几个基本特点：

1）各被评价对象在指标 j 上的值完全一样时，熵值达到最大值，熵权为 0，这也意味着该指标未向决策者提供任何有用信息，可以考虑取消该指标。

2）当各被评价对象 j 在指标熵的值相差较大时，熵值较小，熵权较大，说明该指标向决策者提供了有用的信息，同时还说明在该问题中，各对象在该指标熵上有明显的差异，应重点考虑。

3）指标的熵越小，熵权越大，该指标越重要。

（2）层次分析法。层次分析法是一种定性与定量相结合的多目标决策方法。先按照问题的要求把复杂的系统分解成各个组成要素，将这些要素按支配关系分组，建立一个描述系统功能和特征的有序的递阶层次结构之后，对要素间的相关重要性按一定的比例标度进行两两比较，进而构造出上层某因素的下层相关因素的判断矩阵，以此确定每一层次中各因素对上层因素的相对重要顺序；最后在递阶层次结构内进行合成并得到决策因素相对于目标的重要性的总顺序。具有系统性、综合性与简便性等特点。层次分析法的分析过程包括：建立层次结构模型、构造判断矩阵层次单排序和总排序及其一致性检验。2017 年以来，层次分析法广泛应用于指标的综合评价，并结合专家调研使用。

（3）德尔菲法。德尔菲法即专家调研法的改进方法，德尔菲法是一种匿名式的专家意见调研方法，专家采用匿名发表意见的方式，对特定问题多次给出意见，专家之间没有互相讨论，也不发生横向联系，只与调查人员发生一定关系，通过几轮专家问卷调查，经过反复征询、反馈、修改和归纳，最后汇总成专家基本一致的看法，作为专家调查的结果。德尔菲法可以有效地消除成员间的相互影响，可以充分发挥专家们的智慧、知识和经验，最后能得出一个较好地反映群体意志的判断结果。用德尔菲法对专家进行调研的步骤包括：根据调查的目标、背景及知识领域选择、确定专家组的人选（一般不超过 20 人），进行 2～4 轮专家调查咨询，填写调查问卷，下一轮的调查问卷需在前一轮调查基础上进行改进，汇总调查结果，运用统计工具对调查结果进行分析和检验。德尔菲法在科研评价工作中有广泛的应用。德尔菲法可以用于科研计划、研究项目和科研成果等的评价，也可以用于各种评价指标体系指标权重的设置。

（4）BP 神经网络。BP 神经网络是目前人工智能领域被应用的方法，它能够基于数据本身的特点，不断根据数据样本修改不同指标的权重，从而使得输入与输出能够得到最恰当的耦合方式。BP 神经网络即误差反向传播的学习过程，由信息的正向传播与误差的反向传播两个部分组成。输入层各神经元负责接收来自外界的输入信息，并传递给中间层各神经元；中间层是内部信息处理层，负责信息变换，根据信息变化能力需求，中间层可以设计为单层或多层结构；最后一层负责传递到输出层各神经元信息，完成一次信息的正向传播，并由输出层逐层确定向外界输出处理结果。当结果与期望值不相符合时，进入误差的反向传播阶段。误差通过输出层，按照误差梯度修正各层权值，向隐藏层、输入层传播，即误差的反向传播过程，也是 BP 神经网络的训练学习过程，直至输出结果与期望结果之间的误差减小到可接受程度或者学习次数达到预设值为止。

目前的状态评价方法根据其原理主要包括主观赋权法，如德尔菲法、层次分析法，以及客观赋权法，如熵权法。主观赋权法和客观赋权法各有优劣，其中，主观赋权法权重的确定取决于研究人员的意志，具有强解释性，但是往往受限于研究人员的经验而忽略了数据本身的影响；客观赋权法来源于数据本身的特征，而根据熵权法的原理可以看出，极值点将很大的影响权重的客观性，对评价造成较大的影响。相较而言，BP 神经网络各个指标的权值完全源自于数据本身的特点，同时，通过数据的积累，能够有效的消除指标极值点对于状态评价的影响，通过 BP 神经网络能够客观、有效的建立起多指标的评价体系，因此，本项目采用 BP 神经网络建立对设备的电气、机械及密封性能的评价体系。

7.2 评价指标与量化规则

针对不同的设备、不同的评价体系，需要提取不同的评价指标，同时，为了定量化地对设备进行评价，需要为不同的评价指标制定相应的量化规则。

7.2.1 电气性能评价

（1）110kV 瓷支柱绝缘子。参考 GB/T 8287.1《标称电压高于 1000V 系统用户内和户外支柱绝缘子 第 1 部分：瓷或玻璃绝缘子的试验》，110kV 瓷支柱绝缘子电气性能指标选取与量化规则如下所述。

1）雷电波耐受电压。将待测产品的雷电波耐受电压分为 3 种状态：良好、发生一定劣化、劣化严重，分别对应 1、0、–1 三个等级。其中，待测绝缘子雷电耐受电压不低于产品规定值，则为良好，对应 1 等级；待测绝缘子雷电耐受电压低于产品规定值但高于规定值的 80%，则为"发生一定劣化"，对应 0 等级；待测绝缘子雷电耐受电压低于产品规定值的 80%，即认为发生了严重劣化，对应 –1 等级。

2）工频干耐受电压。将待测产品的工频干耐受电压分为 3 种状态：良好、发生一定劣化、劣化严重，分别对应 1、0、–1 三个等级。其中，待测绝缘子工频干耐受电压不低于产品规定值，则为良好，对应 1 等级；待测绝缘子工频干耐受电压低于产品规定值但高于规定值的 80%，则为"发生一定劣化"，对应 0 等级，待测绝缘子工频干电压低于产品规定值的 80%，即认为发生了严重劣化，对应 –1 等级。

3）工频湿耐受电压。将待测产品的工频湿耐受电压分为 3 种状态：良好、发生一定劣化、劣化严重，分别对应 1、0、–1 三个等级。其中，待测绝缘子工频湿耐受电压不低于产品规定值，则为良好，对应 1 等级；待测绝缘子工频湿耐受电压低于产品规定值但高于规定值的 80%，则为"发生一定劣化"，对应 0 等级；待测绝缘子工频干电压低于产品规定值的 80%，即认为发生了严重劣化，对

146

应 –1 等级。

（2）110kV 复合支柱绝缘子。参考 GB/T 8287.1《标称电压高于 1000V 系统用户内和户外支柱绝缘子　第 1 部分：瓷或玻璃绝缘子的试验》，以及 DL/T 1048《标称电压高于 1000V 的交流用棒形支柱复合绝缘子——定义、试验方法及验收规则》，110kV 复合支柱绝缘子电气性能指标选取与量化规则如下所述。

1）雷电波耐受电压。将待测产品的雷电波耐受电压分为 3 种状态：良好、发生一定劣化、劣化严重，分别对应 1、0、–1 三个等级。其中，待测绝缘子雷电耐受电压不低于产品规定值，则为良好，对应 1 等级；待测绝缘子雷电耐受电压低于产品规定值但高于规定值的 80%，则为"发生一定劣化"，对应 0 等级；待测绝缘子雷电耐受电压低于产品规定值的 80%，即认为发生了严重劣化，对应 –1 等级。

2）工频干耐受电压。将待测产品的工频干耐受电压分为 3 种状态：良好、发生一定劣化、劣化严重，分别对应 1、0、–1 三个等级。其中，待测绝缘子工频干耐受电压不低于产品规定值，则为良好，对应 1 等级；待测绝缘子工频干耐受电压低于产品规定值但高于规定值的 80%，则为"发生一定劣化"，对应 0 等级；待测绝缘子工频干电压低于产品规定值的 80%，即认为发生了严重劣化，对应 –1 等级。

3）工频湿耐受电压。将待测产品的工频湿耐受电压分为 3 种状态：良好、发生一定劣化、劣化严重，分别对应 1、0、–1 三个等级。其中，待测绝缘子工频湿耐受电压不低于产品规定值，则为良好，对应 1 等级；待测绝缘子工频湿耐受电压低于产品规定值但高于规定值的 80%，则为"发生一定劣化"，对应 0 等级；待测绝缘子工频干电压低于产品规定值的 80%，即认为发生了严重劣化，对应 –1 等级。

4）憎水性。用 HC 等级法测量待测设备的憎水性等级，并分为良好、发生一定劣化、劣化严重三种，分别对应 1、0、–1 三个等级。其中，待测绝缘子憎水性为 HC1 ～ HC2 时，对应 1 等级；待测绝缘子憎水性为 HC3 ～ HC4 时，对应 0 等级；待测绝缘子憎水性为 HC5 ～ HC7 时，对应 –1 等级。

（3）20kV 复合充气式套管。参考 GB/T 8287.1《标称电压高于 1000V 系统用户内和户外支柱绝缘子　第 1 部分：瓷或玻璃绝缘子的试验》、GB/T 21429《户外和户内电气设备用空心复合绝缘子　定义、试验方法、接收准则和设计推荐》

以及 GB/T 50150《电气装置安装工程 电气设备交接试验标准》，20kV 复合充气式套管电气性能指标选取与量化规则如下所述。

1）雷电波耐受电压。将待测产品的雷电波耐受电压分为 3 种状态：良好、发生一定劣化、劣化严重，分别对应 1、0、–1 三个等级。其中，待测套管雷电耐受电压不低于产品规定值，则为良好，对应 1 等级；待测套管雷电耐受电压低于产品规定值但高于规定值的 80%，则为"发生一定劣化"，对应 0 等级；待测套管雷电耐受电压低于产品规定值的 80%，即认为发生了严重劣化，对应 –1 等级。

2）工频干耐受电压。将待测产品的工频干耐受电压分为 3 种状态：良好、发生一定劣化、劣化严重三种，分别对应 1、0、–1 三个等级。其中，待测套管工频干耐受电压不低于产品规定值，则为良好，对应 1 等级；待测套管工频干耐受电压低于产品规定值但高于规定值的 80%，则为"发生一定劣化"，对应 0 等级；待测套管工频干电压低于产品规定值的 80%，即认为发生了严重劣化，对应 –1 等级。

3）工频湿耐受电压。将待测产品的工频湿耐受电压分为 3 种状态：良好、发生一定劣化、劣化严重，分别对应 1、0、–1 三个等级。其中，待测套管工频湿耐受电压不低于产品规定值，则为良好，对应 1 等级；待测套管工频湿耐受电压低于产品规定值但高于规定值的 80%，则为"发生一定劣化"，对应 0 等级；待测套管工频干电压低于产品规定值的 80%，即认为发生了严重劣化，对应 –1 等级。

4）憎水性。用 HC 等级法测量待测设备的憎水性等级，并分为良好、发生一定劣化、劣化严重三种，分别对应 1、0、–1 三个等级。其中，待测套管憎水性为 HC1 ～ HC2 时，对应 1 等级；待测套管憎水性为 HC3 ～ HC4 时，对应 0 等级；待测套管憎水性为 HC5 ～ HC7 时，对应 –1 等级。

5）介质损耗角正切值。充气式套管的介质损耗角正切值分为良好、发生一定劣化、劣化严重三种类型，分别对应 1、0、–1 三个等级。其中，待测套管介质损耗角正切低于规定值（1.5%）时，对应 1 等级；待测套管介质损耗角正切超过规定值，但不超过规定值的 120% 时，对应 0 等级；待测套管的介质损耗值超过规定值的 120% 时，对应 –1 等级。

（4）20kV 纯瓷套管。参考 GB/T 8287.1《标称电压高于 1000V 系统用户内和户外支柱绝缘子 第 1 部分：瓷或玻璃绝缘子的试验》以及 GB/T 21429《户外和户内电气设备用空心复合绝缘子定义、试验方法、接收准则和设计推荐》，20kV纯瓷套管电气性能指标选取与量化规则如下所述。

1）雷电波耐受电压。将待测产品的雷电波耐受电压分为3种状态：良好、发生一定劣化、劣化严重，分别对应1、0、–1三个等级。其中，待测套管雷电耐受电压不低于产品规定值，则为良好，对应1等级；待测套管雷电耐受电压低于产品规定值但高于规定值的80%，则为发生一定劣化，对应0等级，待测套管雷电耐受电压低于产品规定值的80%即认为发生了严重劣化，对应–1等级。

2）工频干耐受电压。将待测产品的工频干耐受电压分为3种状态：良好、发生一定劣化、劣化严重，分别对应1、0、–1三个等级。其中，待测套管工频干耐受电压不低于产品规定值，则为良好，对应1等级；待测套管工频干耐受电压低于产品规定值但高于规定值的80%，则为"发生一定劣化"，对应0等级；待测套管工频干电压低于产品规定值的80%，即认为发生了严重劣化，对应–1等级。

3）工频湿耐受电压。将待测产品的工频湿耐受电压分为3种状态：良好、发生一定劣化、劣化严重，分别对应1、0、–1三个等级。其中，待测套管工频湿耐受电压不低于产品规定值，则为良好，对应1等级；待测套管工频湿耐受电压低于产品规定值但高于规定值的80%，则为发生一定劣化，对应0等级；待测套管工频干电压低于产品规定值的80%，即认为发生了严重劣化，对应–1等级。

7.2.2 机械性能评价

（1）110kV瓷支柱绝缘子。参考GB/T 8287.1—2008《标称电压高于1000V系统用户内和户外支柱绝缘子 第1部分：瓷或玻璃绝缘子的试验》，110kV瓷支柱绝缘子机械性能指标选取与量化规则如下所述。

1）弯曲负荷。将待测产品的弯曲负荷水平分为3种状态：良好、发生一定劣化、劣化严重，分别对应1、0、–1三个等级。其中，待测绝缘子弯曲负荷不低于产品规定值，则为良好，对应1等级；待测绝缘子弯曲负荷低于产品规定值但高于规定值的80%，则为"发生一定劣化"，对应0等级；待测绝缘子弯曲负荷低于产品规定值的80%，即认为发生了严重劣化，对应–1等级。

2）扭转负荷。将待测产品的扭转负荷水平分为3种状态：良好、发生一定劣化、劣化严重，分别对应1、0、–1三个等级。其中，待测绝缘子扭转负荷不低于产品规定值，则为良好，对应 1 等级；待测绝缘子扭转负荷低于产品规定值但高于规定值的 80%，则为"发生一定劣化"，对应 0 等级；待测绝缘子扭转负荷低于产品规定值的 80%，即认为发生了严重劣化，对应 –1 等级。

3）内压力值。将待测产品的内压力荷水平分为 3 种状态：良好、发生一定劣化、劣化严重，分别对应 1、0、–1 三个等级。其中，待测绝缘子内压力不低于产品规定值，则为良好，对应 1 等级；待测绝缘子内压力低于产品规定值但高于规定值的 80%，则为"发生一定劣化"，对应 0 等级；待测绝缘子内压力低于产品规定值的 80%，即认为发生了严重劣化，对应 –1 等级。

（2）110kV 复合支柱绝缘子。参考 GB/T 8287.1《标称电压高于 1000V 系统用户内和户外支柱绝缘子　第 1 部分：瓷或玻璃绝缘子的试验》以及 DL/T 1048《标称电压高于 1000V 的交流用棒形支柱复合绝缘子——定义、试验方法及验收规则》，110kV 负荷支柱绝缘子机械性能指标选取与量化规则如下所述。

1）弯曲负荷。将待测产品的弯曲负荷荷水平分为 3 种状态：良好、发生一定劣化、劣化严重，分别对应 1、0、–1 三个等级。其中，待测绝缘子弯曲负荷不低于产品规定值，则为良好，对应 1 等级；待测绝缘子弯曲负荷低于产品规定值但高于规定值的 80%，则为"发生一定劣化"，对应 0 等级；待测绝缘子弯曲负荷低于产品规定值的 80%，即认为发生了严重劣化，对应 –1 等级。

2）扭转负荷。将待测产品的扭转负荷荷水平分为 3 种状态：良好、发生一定劣化、劣化严重，分别对应 1、0、–1 三个等级。其中，待测绝缘子扭转负荷不低于产品规定值，则为良好，对应 1 等级；待测绝缘子扭转负荷低于产品规定值但高于规定值的 80%，则为发生一定劣化，对应 0 等级；待测绝缘子扭转负荷低于产品规定值的 80%，即认为发生了严重劣化，对应 –1 等级。

（3）20kV 复合充气式套管。参考 GB/T 8287.1《标称电压高于 1000V 系统用户内和户外支柱绝缘子　第 1 部分：瓷或玻璃绝缘子的试验》以及 GB/T 21429《户外和户内电气设备用空心复合绝缘子　定义、试验方法、接收准则和设计推荐》，20kV 负荷充气式套管机械性能指标选取与量化规则如下所述。

1）弯曲负荷。将待测产品的弯曲负荷荷水平分为 3 种状态：良好、发生一定劣化、劣化严重，分别对应 1、0、–1 三个等级。其中，待测套管弯曲负荷不低于产品规定值，则应为良好，对应 1 等级；待测套管弯曲负荷低于产品规定值但高于规定值的 80%，则为"发生一定劣化"，对应 0 等级；待测套管弯曲负荷低于产品规定值的 80%，即认为发生了严重劣化，对应 –1 等级。

2）扭转负荷。将待测产品的扭转负荷荷水平分为 3 种状态：良好、发生一定劣化、劣化严重，分别对应 1、0、–1 三个等级。其中，待测套管扭转负荷不低于产品规定值，则为良好，对应 1 等级；待测套管扭转负荷低于产品规定值但高于规定值的 80%，则为"发生一定劣化"，对应 0 等级；待测套管扭转负荷低于产品规定值的 80%，即认为发生了严重劣化，对应 –1 等级。

3）内压力。将待测产品的内压力荷水平分为 3 种状态：良好、发生一定劣化、劣化严重，分别对应 1、0、–1 三个等级。其中，待测套管内压力不低于产品规定值，则为良好，对应 1 等级；待测套管内压力低于产品规定值但高于规定值的 80%，则为"发生一定劣化"，对应 0 等级；待测套管内压力低于产品规定值的 80%，即认为发生了严重劣化，对应 –1 等级。

（4）20kV 纯瓷套管。参考 GB/T 8287.1《标称电压高于 1000V 系统用户内和户外支柱绝缘子　第 1 部分：瓷或玻璃绝缘子的试验》以及 GB/T 23752《额定电压高于 1000V 电气设备用承压和非承压空心瓷和玻璃绝缘子》，20kV 纯瓷套管机械性能指标选取与量化规则如下所述。

1）弯曲负荷。将待测产品的弯曲负荷荷水平分为 3 种状态：良好、发生一定劣化、劣化严重，分别对应 1、0、–1 三个等级。其中，待测套管弯曲负荷不低于产品规定值，则为良好，对应 1 等级；待测套管弯曲负荷低于产品规定值但高于规定值的 80%，则为"发生一定劣化"，对应 0 等级；待测套管弯曲负荷低于产品规定值的 80%，即认为发生了严重劣化，对应 –1 等级。

2）扭转负荷。将待测产品的扭转负荷荷水平分为 3 种状态：良好、发生一定劣化、劣化严重，分别对应 1、0、–1 三个等级。其中，待测套管扭转负荷不低于产品规定值，则为良好，对应 1 等级；待测套管扭转负荷低于产品规定值但高于规定值的 80%，则为"发生一定劣化"，对应 0 等级；待测套管扭转负荷低于产品规定值的 80%，即认为"发生了严重劣化"，对应 –1 等级。

3）内压力。将待测产品的内压力水平分为 3 种状态：良好、发生一定劣化、劣化严重，分别对应 1、0、–1 三个等级。其中，待测套管内压力不低于产品规定值，则为良好，对应 1 等级；待测套管内压力低于产品规定值但高于规定值的 80%，则为"发生一定劣化"，对应 0 等级，待测套管内压力低于产品规定值的 80%，即认为发生了严重劣化，对应 –1 等级。

7.2.3 密封性能评价

参考国标 GB/T 5720《O 形橡胶密封圈试验方法》，O 形橡胶密封圈密封性能指标选取与量化规则如下所述。

1）硬度。将待测产品的硬度水平分为 3 种状态：良好、发生一定劣化、劣化严重，分别对应 1、0、–1 三个等级。其中，待测橡胶圈硬度不高于产品规定值，则为良好，对应 1 等级；待测橡胶圈硬度高于产品规定值但不高于规定值的 120%，则为"发生一定劣化"，对应 0 等级；待测橡胶圈硬度高于产品规定值的 120%，即认为发生了严重劣化，对应 –1 等级。

2）压缩永久变形量。将待测产品的压缩永久变形量水平分为 3 种状态：良好、发生一定劣化、劣化严重，分别对应 1、0、–1 三个等级。其中，待测橡胶圈压缩永久变形量不高于产品规定值，则为良好，对应 1 等级；待测橡胶圈压缩永久变形量高于产品规定值但不高于规定值的 120%，则为"发生一定劣化"，对应 0 等级；待测橡胶圈压缩永久变形量高于产品规定值的 120%，即认为发生了严重劣化，对应 –1 等级。

3）扯断强度。将待测产品的扯断强度水平分为 3 种状态：良好、发生一定劣化、劣化严重，分别对应 1、0、–1 三个等级。其中，待测橡胶圈扯断强度不低于产品规定值，则为良好，对应 1 等级；待测橡胶圈扯断强度低于产品规定值但高于规定值的 80%，则为"发生一定劣化"，对应 0 等级；待测橡胶圈扯断强度低于产品规定值的 80%，即认为发生了严重劣化，对应 –1 等级。

7.3 评价体系建立

基于上述提取的指标与量化规则，对 110kV 瓷支柱绝缘子、110kV 复合支柱绝缘子、20kV 纯瓷套管、20kV 充气式套管以及 O 形橡胶密封圈，建立相应的 BP 神经网络性能评价体系。其输入神经元数目对应于相应的评价指标，中间隐藏层满足

$$M = \log_2 n \qquad (7\text{–}8)$$

式中：n 为输入层神经元数目；M 为中间隐藏层神经元数，并向上取整。输出神

经元数目为 1，对应于响应性能的评价指标值，指标值取值范围为 [–1，1]，对应不同的等级。

7.3.1 电气性能评价体系

（1）110kV 瓷支柱绝缘子电气性能评价体系。针对 110kV 瓷支柱绝缘子，将绝缘子的电气性能评价等级分为良好、电气性能发生下降、电气性能下降严重三个等级，当评价值属于 [0.5，1] 时，对应于电气性能良好；当评价值属于 [–0.5，0.5）时，对应于"电气性能发生一定下降"；当评价值为 [–1，–0.5）时，对应于"电气性能下降严重"。

将新绝缘子、运行一段时间出现劣化的绝缘子、因劣化严重的退运绝缘子各若干（不少于 10 份）作为训练样本，分别测量其雷电波耐受电压、工频干耐受电压、工频湿耐受电压，规定其输出值分别对应于 0.75、0、–0.75，并将训练得到的 BP 神经网络用于 110kV 瓷支柱绝缘子电气性能评价。对于待测绝缘子样品，分别测量其雷电波耐受电压、工频干耐受电压、工频湿耐受电压作为输入，根据输出结果对其性能进行评价。

（2）110kV 复合支柱绝缘子电气性能评价体系。针对 110kV 复合支柱绝缘子，将绝缘子的电气性能评价等级分为良好、电气性能发生下降、电气性能下降严重三个等级，当评价值属于 [0.5，1] 时，对应于"电气性能良好"，当评价值属于 [–0.5，0.5）时，对应于"电气性能发生一定下降"，当评价值为 [–1，–0.5）时，对应于"电气性能下降严重"。

将新绝缘子、运行一段时间出现劣化的绝缘子、因劣化严重的退运绝缘子各若干（不少于 10 份）作为训练样本，分别测量其雷电波耐受电压、工频干耐受电压、工频湿耐受电压、憎水性，规定其输出值分别对应于 0.75、0、–0.75，并将训练得到的 BP 神经网络用于 110kV 瓷支柱绝缘子电气性能评价。对于待测绝缘子样品，分别测量其雷电波耐受电压、工频干耐受电压、工频湿耐受电压、憎水性作为输入，根据输出结果对其性能进行评价。

（3）20kV 复合充气式套管电气性能评价体系。针对 20kV 复合充气式套管，将绝缘子的电气性能评价等级分为良好、电气性能发生下降、电气性能下降严重三个等级，当评价值属于 [0.5，1] 时，对应于电气性能良好；当评价值属于 [–0.5，0.5）时，对应于"电气性能发生一定下降"；当评价值为 [–1，–0.5）时，对应于"电气性能下降严重"。

将新套管、运行一段时间出现劣化的套管、因劣化严重的退运套管各若干（不少于 10 份）作为训练样本，分别测量其雷电波耐受电压、工频干耐受电压、工频湿耐受电压、憎水性，介质损耗角正切值，规定其输出值分别对应于 0.75、0、–0.75，并将训练得到的 BP 神经网络用于 20kV 复合充气式套管电气性能评价。对于待测绝缘子样品，分别测量其雷电波耐受电压、工频干耐受电压、工频湿耐受电压、憎水性、介质损耗角正切值作为输入，根据输出结果对其性能进行评价。

（4）20kV 纯瓷套管电气性能评价体系。针对 20kV 纯瓷套管，将绝缘子的电气性能评价等级分为良好、电气性能发生下降、电气性能下降严重三个等级，当评价值属于 [0.5, 1] 时，对应于"电气性能良好"；当评价值属于 [–0.5，0.5）时，对应于"电气性能发生一定下降"；当评价值为 [–1，–0.5）时，对应于"电气性能下降严重"。

将新套管、运行一段时间出现劣化的套管、因劣化严重的退运套管各若干（不少于 10 份）作为训练样本，分别测量其雷电波耐受电压、工频干耐受电压、工频湿耐受电压，规定其输出值分别对应于 0.75、0、–0.75，并将训练得到的 BP 神经网络用于 20kV 纯瓷套管电气性能评价。对于待测绝缘子样品，分别测量其雷电波耐受电压、工频干耐受电压、工频湿耐受电压作为输入，根据输出结果对其性能进行评价。

7.3.2　机械性能评价体系

（1）110kV 瓷支柱绝缘子机械性能。针对 110kV 瓷支柱绝缘子，将绝缘子的机械性能评价等级分为良好、机械性能发生下降、机械性能下降严重三个等级。当评价值属于 [0.5, 1] 时，对应于"机械性能良好"；当评价值属于 [–0.5，0.5）时，对应于"机械性能发生一定下降"；当评价值为 [–1，–0.5）时，对应于"机械性能下降严重"。

将新绝缘子、运行一段时间出现劣化的绝缘子、因劣化严重的退运绝缘子各若干（不少于 10 份）作为训练样本，分别测量其弯曲负荷、扭转负荷、内压力，规定其输出值分别对应于 0.75、0、–0.75，并将训练得到的 BP 神经网络用于 110kV 瓷支柱绝缘子机械性能评价。对于待测绝缘子样品，分别测量其弯曲负荷、扭转负荷、内压力作为输入，根据输出结果对其性能进行评价。

（2）110kV 复合支柱绝缘子机械性能。针对 110kV 复合支柱绝缘子，将绝缘子的机械性能评价等级分为良好、机械性能发生下降、机械性能下降严重三个等级。当评价值属于 [0.5，1] 时，对应于"机械性能良好"；当评价值属于 [-0.5，0.5) 时，对应于"机械性能发生一定下降"；当评价值为 [-1，-0.5) 时，对应于"机械性能下降严重"。

将新绝缘子、运行一段时间出现劣化的绝缘子、因劣化严重的退运绝缘子各若干（不少于 10 份）作为训练样本，分别测量其弯曲负荷、扭转负荷，规定其输出值分别对应于 0.75、0、-0.75，并将训练得到的 BP 神经网络用于 110kV 复合支柱绝缘子机械性能评价。对于待测绝缘子样品，分别测量其弯曲负荷、扭转负荷作为输入，根据输出结果对其性能进行评价。

（3）20kV 复合式充气套管机械性能。针对 20kV 复合式充气套管，将绝缘子的机械性能评价等级分为良好、机械性能发生下降、机械性能下降严重三个等级。当评价值属于 [0.5，1] 时，对应于"机械性能良好"；当评价值属于 [-0.5，0.5) 时，对应于"机械性能发生一定下降"；当评价值为 [-1，-0.5) 时，对应于"机械性能下降严重"。

将新套管、运行一段时间出现劣化的套管、因劣化严重的退运套管各若干（不少于 10 份）作为训练样本，分别测量其弯曲负荷、扭转负荷、内压力，规定其输出值分别对应于 0.75、0、-0.75，并将训练得到的 BP 神经网络用于 20kV 复合充气式套管机械性能评价。对于待测套管样品，分别测量其弯曲负荷、扭转负荷、内压力作为输入，根据输出结果对其性能进行评价。

（4）20kV 纯瓷套管机械性能。针对 20kV 纯瓷套管，将套管的机械性能评价等级分为良好、机械性能发生下降、机械性能下降严重三个等级。当评价值属于 [0.5，1] 时，对应于"机械性能良好"；当评价值属于 [-0.5，0.5) 时，对应于"机械性能发生一定下降"；当评价值为 [-1，-0.5) 时，对应于"机械性能下降严重"。

将新套管、运行一段时间出现劣化的套管、因劣化严重的退运套管各若干（不少于 10 份）作为训练样本，分别测量其弯曲负荷、扭转负荷、内压力，规定其输出值分别对应于 0.75、0、-0.75，并将训练得到的 BP 神经网络用于 20kV 纯瓷套管机械性能评价。对于待测套管样品，分别测量其弯曲负荷、扭转负荷、内压力作为输入，根据输出结果对其性能进行评价。

7.3.3　密封性能评价体系

针对 O 形橡胶密封圈，将橡胶密封圈的密封性能评价等级分为良好、密封性能发生下降、密封性能下降严重三个等级。当评价值属于 [0.5，1] 时，对应于"密封性能良好"；当评价值属于 [−0.5，0.5）时，对应于"密封性能发生一定下降"；当评价值为 [−1，−0.5）时，对应于"密封性能下降严重"。

将新橡胶密封圈、运行一段时间出现劣化的橡胶密封圈、劣化严重的退运套管橡胶密封圈各若干（不少于 10 份）作为训练样本，分别测量其硬度、压缩永久变形量、扯断强度，规定其输出值分别对应于 0.75、0、−0.75，并将训练得到的 BP 神经网络用于 O 形橡胶密封圈密封性能评价。对于待测套管样品，分别测量其硬度、压缩永久变形量、扯断强度作为输入，根据输出结果对其性能进行评价。

参考文献

[1] Collins A R. The destruction of concrete by frost[J]. Journal of Institution of Civil Engineers, 1944, 23(1): 29–41.

[2] Powers T C. A working hypothesis for further studies of frost resistance of concrete[J]. ACI Journal, 1945, 16(4): 245–272.

[3] Fagerlund G. The significance of critical degrees of saturation at freezing of porous and rittle materials. In: ScholerCF, eds. Durability of concrete. Detroit: American concrete institute, 1975: 13–65.

[4] M. D. Judd and O. Farish. Transfer functions for UHF partial discharge signals in GIS. 1999 Eleventh International Symposium on High Voltage Engineering, London, UK, 1999, pp.74–77 vol.5.

[5] J. Pearson, B. F. Hampton, M. D. Judd, B. Pryor and P. F. Coventry, "Experience with advanced in–service condition monitoring techniques for GIS and transformers," IEE Colloquium on HV Measurements, Condition Monitoring and Associated Database Handling Strategies, London, UK, 1998, pp. 8/1–810.

[6] 路琴, 吕少卉, 聚四氟乙烯的性能及其在机械工程中的应用 [J]. 农机使用与维修, 2006（5）: 60–62.

[7] 傅政 . 橡胶材料及工艺学 [M]. 北京: 化学工业出版社, 2013.

[8] 黄兴 . 国内外橡塑密封行业的现状及发展动态 [J]. 液压气动与密封, 2003（1）: 43–45.

[9] 徐金鹏, 胡荣霞 . O 形橡胶密封圈泄漏问题的原因分析及预防措施 [J]. 橡胶工业, 2013, 60（11）: 677–681.

[10] 陈爱平, 周忠亚 . O 形密封圈和密封圈槽的选配及应用 [J]. 石油机械, 2000, 28（5）: 49–51.

[11] 黄炜昭 . 变压器密封失效分析及防治措施研究 [J]. 变压器, 2014, 51（5）:

59–61.

[12] 韩彬，鲁金忠，李传君，等 . O 形橡胶密封圈的热应力耦合分析 [J]. 润滑与密封，2015，40（1）：58–62.

[13] 成大先 . 机械设计手册——润滑与密封 [M]. 北京：化学工业出版社，2010.

[14] 蔡增杰，李岩，韩笑 . 利用试验与领先使用相结合的方法调整设备维修周期 [J]. 液压气动与密封，2016，12：72–75.

[15] 张婧，金圭 . O 形密封圈接触压力的有限元分析 [J]. 润滑与密封 2010，35（2）：80–83.

[16] 刘萌，王青春 . 橡胶 Mooney–Rivlin 模型中材料常数的确定 [J]. 橡胶工业，2011，4：241–245.

[17] 周志鸿，张康雷 . O 形橡胶密封圈应力与接触压力的有限元分析 [J]. 润滑与密封，2006，（4）：86–89.

[18] 谭晶，杨卫明，丁玉梅，等 . O 型橡胶密封圈密封性能的有限元分析 [J]. 润滑与密封，2011，39（9）：65–69.

[19] 李维特，黄保海，毕仲波 . 热应力理论分析及应用 [M]. 北京：中国电力出版社，2004.

[20] 王占彬，范金娟，肖淑华，等 . 橡胶密封圈失效分析方法探讨 [J]. 失效分析与预防，2015，10（5）：314–319.

[21] 廖俊杰，陈福林，岑兰，等 . 丁腈橡胶的应用研究进展 [J]. 特种橡胶制品，2007，28（5）：41–46.